美国心理学会情绪管理自助读物

成长中的心灵需要关怀 · 属于孩子的心理自助读物

焦虑恐慌，怎么办？

青少年应对焦虑情绪指南

My Anxious Mind

A Teen's Guide to Managing Anxiety and Panic

（美）迈克尔·A. 汤普金斯（Michael A. Tompkins）
（美）凯瑟琳·A. 马丁内斯（Katherine A. Martinez） 著

（美）迈克尔·斯隆（Michael Sloan） 绘

郭 菲 译

U0367032

全国百佳图书出版单位

化学工业出版社

·北京·

My Anxious Mind: A Teen's Guide to Managing Anxiety and Panic, by Michael A. Tompkins and Katherine A. Martinez
ISBN 978-1-4338-0450-2

北京市版权局著作权合同登记号：01-2017-4756

图书在版编目（CIP）数据

焦虑恐慌，怎么办？：青少年应对焦虑情绪指南 /（美）迈克尔·A.汤普金斯，（美）凯瑟琳·A.马丁内斯著；（美）迈克尔·斯隆绘；郭菲译．—北京：化学工业出版社，2020.7（2023.4 重印）
（美国心理学会情绪管理自助读物）
书名原文：My Anxious Mind: A Teen's Guide to Managing Anxiety and Panic
ISBN 978-7-122-36731-0

Ⅰ.①焦… Ⅱ.①迈… ②凯… ③迈… ④郭… Ⅲ.①焦虑－心理调节－青少年读物
Ⅳ.① B842.6-49

中国版本图书馆 CIP 数据核字（2020）第 079553 号

责任编辑：战河红 肖志明　　　　　　　装帧设计：江晶洋
责任校对：李雨晴

出版发行：化学工业出版社（北京市东城区青年湖南街 13 号　邮政编码 100011）
印　　装：中煤（北京）印务有限公司
710mm×1000mm　1/16　印张 12　字数 120 千字　2023 年 4 月北京第 1 版第 2 次印刷

购书咨询：010-64518888　售后服务：010-64518899
网　　址：http://www.cip.com.cn
凡购买本书，如有缺损质量问题，本社销售中心负责调换。

定　　价：39.80 元　　　　　　　　　　　　　　　版权所有　违者必究

当焦虑来做客

提到焦虑，你会想到什么？一种病？心理不正常？

那么你认为谁会焦虑呢？也许你会想"大概内向的人才会吧"，"软弱承受力差的人才会"或者"胆小不够勇敢的人才会"……

当想到这些时，焦虑似乎成了一种要极力避开的问题，而有焦虑的人似乎也会被贴上特殊的标签。然而如果问你，在参加考试、比赛或某个测试前，在很多人面前发言时，在完成有些挑战的任务前，你是否感到过心跳、呼吸的加速？你是否会为自己的表现而紧张担忧？很可能你的答案是"有过"。其实焦虑是一种很普遍的体验，是每个人都时不时会有的感受。人类的焦虑是一种与生俱来对刺激的反应，对可能的威胁或危险的预警，因此是一种有用的适应性反应。不过就像有时候会发出假警报一样，焦虑的强度或发生频率可能超出了实际的危险程度。这时本来具有保护作用的焦虑就成为了一种阻碍，严重时发展为焦虑障碍，不仅带来心理上的困扰，也会对学习和生活造成负面的影响。那么，如何判断自己的焦虑是否过度了呢？这本书对此给出了非常清晰的解答。

　　如果你处于青春期，恭喜你正在经历一个人生重大的里程碑，同时也要真诚地表达一下：这个阶段充满生理、心理、社会角色的挑战，着实不容易！研究表明，焦虑障碍是青少年最常见的心理问题之一，从儿童期进入青春期，一些焦虑障碍的发生率随之增加，如惊恐障碍、广场恐惧症、强迫症和社交焦虑，在这本书里你会了解这些焦虑障碍以及如何应对。流行病学调查显示，青少年中，各种焦虑问题的报告率介于15%至32%，符合诊断标准的焦虑障碍比例在2%到11%之间。看吧，如果你有焦虑困扰，并不是什么奇怪的事。作为一种内在的情绪和情感体验，存在焦虑困扰的青少年往往会陷入一种孤立无援、无能为力的感受中，因此让青少年尽早认识焦虑的主要表现，了解焦虑的发生原因，掌握应对焦虑的有效方法是很重要的。

　　在开展科研工作以及与青少年和他们父母的交流过程中，我切实了解了焦虑可能带来的伤害，因此非常希望青少年们能够获得实用、易行的方法，去帮助他们应对情绪的困境。这是一本手册性的书，两位作者在青少年工作方面富有经验，他们努力让这本书贴近青少年，因此写得通俗易懂，所介绍的方法也便于学习和掌握。在第1章，青少年可以了解到焦虑是什么，焦虑时心理、生理和行为发生了哪些变化，如何判断自己的焦虑程度以及不同类型的焦虑障碍和表现。在第2章，一个人独自应对焦虑是艰难的，但寻求帮助有时也不容易，在这章里青少年可以了解自己和同龄人寻求帮助时的阻碍，如何、向谁、怎样求助，以及如果接受心理咨询或治疗会发生什么。在第3章和第4章，生理的感受和特定的思维方式往往在焦虑产生和不断升级的过程中，起着推波助澜的负面作用，基于焦虑障碍的心理治疗效果的实证研究，这两章分别介绍了身体放松（如腹式呼吸法、可视化想象法等）和转换思维角度（如"责任披萨饼"法、"时间机器"法等）这两种常用的有效技术，为青少年提供了具体、清晰的技术方法。在第5章和第6章，分别重点聚焦了两类焦虑障碍，了解这些内容，青少年可能会终于明白原来一直困扰自己的叫恐惧症或惊恐发作，同时也能学到应对这些症状的具体措施和方法。第7章围绕青少年时期所面临的社会性压力，家庭中的，学校里的，来自朋友的，来自学习的，介绍了一些非常实用的抗压小技巧。第8章针对青少年时期特殊的生理发展特点，介绍了饮食、体育锻炼、睡眠与焦虑情绪的关系，也给出了明确的改善和提升建议。在第9章，就像任何一种疾病，心理疾病的治疗有时也需要药物的加入。不过对于使用药物，青少年和家长往往由于不够了解而顾虑重重。这一章对一些常见的误解进行了澄清，详细介绍了不同种类的抗焦虑药物，并对是否服用药物和如何服药给出了指导和建议。最后，第10章对全书的内容和所介绍的方法进行了总结和回顾，通过具体的例子来演示如何把不同的方法整合并制订自己个性化的健康计划，最后提出了应对焦虑需要的态度，保持希望和勇气并对可能反复的焦虑症状有所准备。

青少年焦虑障碍与抑郁有很高的共病率，往往是伴随发生的。两年前差不多也是这个时间我完成了一本帮助青少年应对抑郁情绪指南的翻译，今天也把这本实用的手册介绍给你们。作为一名青少年心理健康的研究者和工作者，我诚挚地希望这本手册能让那些饱受焦虑之苦的青少年获得一些切实可行的科学方法。当焦虑来做客时，与其拼尽全力想要把它拒之门外或全力回避，也许莫如直面它的造访并通过适当的方法让这个客人逐渐平静下来，而在这个过程中，家人和老师的支持以及专业人士的帮助至关重要。因此我非常推荐父母和青少年一起来读这本书，成为青少年应对焦虑的团队成员和后盾。

感谢本书的作者，感谢编辑的辛勤工作和耐心守候，共同的努力让这本手册可以和大家见面！

完成这本书的当下，由于席卷全球的"新冠"病毒，我们正在遭遇异常艰难的抗疫生活，青少年们也在经受着多重压力的挑战。祝福大家平安、健康！愿所有处于青少年时期的年轻人与焦虑相遇后，充满希望和勇气去拥抱丰沛美好的人生！

郭　菲

于中国科学院心理研究所，北京

致读者的一封信

试想一下：如果你不那么焦虑，生活会有哪些不同？你的生活会有哪些改变？你会尝试新的活动或结交新朋友吗？你会因为不花费那么长时间学习而睡得更香，有更多自由的时间吗？

不管你是一个人阅读本书，还是和同学一起看，或者是和你的父母、咨询师或心理治疗师一起看，这里介绍的方法和策略可能会帮助你管理你的焦虑和恐惧。很多青少年基于这些方法制订了个人计划，在我们的帮助下缓解了他们的焦虑。这些方法与你从认知行为治疗（cognitive-behavior therapy, CBT）里学到的是类似的，CBT 是一种教给你通过修复身心能力来实现自我平复的心理治疗方法。我们知道 CBT 的方法是有用的，并且认为这些方法对你也会有作用。我们希望你先从完成练习和实践这些方法开始，把这些实践融入日常生活中。现在，你可以在 30 分钟之内别那么焦虑吗？

在你开始阅读本书之前，我们想先提供一些建议。没有两个青少年是完全一样的，这本书里有些内容对你可能适用，也有些对你并不适用。这没关系，你只需要使用那些对你有帮助的方法和策略。正如同其他很多事情一样,成功更多依赖于你做什么而不是你想做什么。对进行改变保有积极性,是需要努力的。知道这一点,我们希望并鼓励你:

- 对你的计划负责;
- 承诺会坚持下去;
- 冒点小风险;
- 承认恐惧和担忧也有好处。

对你的计划负责

如果你的老师没有给你布置那么多作业或者你的朋友和家人没有给你那么多压力,你会不会不这么焦虑呢?可能吧,但是你可以控制这些事情对你的影响程度。你可以为你焦虑的内心负责,而不是让其他人负责,无论是你的父母、老师还是朋友。对你来说接受这点可能有些困难。不过,掌握主动权可能是最重要和最积极的一步。负责意味着你不埋怨你的朋友、你的学校、你的父母或者你自己,负责意味着你要拿回控制权,负责也意味着你要冲锋在前,但并不是完全独自承担。

承诺会坚持下去

学习缓解你内心的焦虑需要一些时间和一些练习。即使你特别想不那么焦虑,你还是会发现在某些日子里你的焦虑还会反复,这没关系。还有一些时候,你可能什么也不想做,这也没关系。在辛苦一天后坚持下去是很困难的,你会怀疑你的焦虑感会减少吗？但是，这不能成为你不去坚持的理由。相反，试着告诉自己，你会在至少三个月内坚持自己的计划，然后看看会发生什么。就这样时不时地回过头来看看，你会发现你比开始时进步了。慢慢地，你进入状态了，这样的进步会帮助你继续前进。

冒点小风险

要过一个充实的人生就是要冒一些或大或小的风险。听起来可能有点奇怪，不冒点险去改变想法和行为就不可能缓解你内心的焦虑。如果你有恐惧症，冒险可能意味着你要去面对你的恐惧；如果你有惊恐发作，冒险可能意味着随它去而不是和它对抗；如果你的朋友给你压力，冒险可能意味着你要告诉他你的感受。你不需要一下子承担所有的恐惧，但是如果你分成小步去处理它们，你就能分解你的恐惧和担忧，一点一点地，就能完全地去面对它们。

承认恐惧和担忧也有好处

你有没有告诉过你的父母，你因为压力太大而做不下去作业或家务了，而实际上你只是那时候不想做？很多焦虑的青少年发现，有时候焦虑也有一些好处，但是我们知道这并不意味着你不想克服你的焦虑和恐惧。事实上，这只是意味着当你面对焦虑和恐惧时，你有两个心理：一个就是你的焦虑心理；同时，还有另一个心理，那就是你对现状感到舒服。如果你认为你因为焦虑而获得一些好处，我们建议你暂时别要这种好处，至少要这样保持一段时间，去看看你能做到哪个程度。否则，你可能永远不会知道你能做什么，你能成为什么样的人，你可以多成功。我们认为你最后会看到这样做是值得的。

不论何时，如果独自承受你的焦虑好像太困难了，请你的父母或好朋友通过这本书来帮助你吧。有时候你只需要一个小小的提醒或一句鼓励的话。帮助可以只是让你去尝试那些困难的事情，同时在这个过程中对你保持耐心和支持。战胜焦虑或恐惧并不容易，一个好的"教练"真的非常有帮助。

不过，有时候最好的"教练"可能是对焦虑的青少年有过咨询经验的心理治疗师。尤其是如果你有极端或强烈的焦虑情绪就更是这样。专业人士能够在你遇到困难时真正帮助你继续前进。如果你还没有接受心理治疗但是想试试，那么告诉你的父母。在这本书中，我们会讲到如果你想获得这种帮助该如何求助。

祝你好运！

迈克尔·A.汤普金斯，凯瑟琳·A.马丁内斯

目 录

第1章

青少年为什么会焦虑？

如果你的内心正在焦虑，我们想让你知道，你并不孤单。你知道吗？在美国，每20个青少年中就有一个人有极其严重的焦虑症、恐惧症或惊恐发作。想想你所在的年级或学校一共有多少同学，然后用这个数字除以20，是有很多青少年吧？是有很多焦虑的内心吧？

如果你的内心也在焦虑，我们敢打赌你肯定希望有一个按钮可以关闭你的焦虑，或者有一个类似调低音量的旋钮能缓解这种感受。当你内心焦虑时，你会觉得好像什么也做不了，似乎掌握着控制权的是你内心的焦虑而不是你。如果你正在读这本书，我们敢肯定你想改变现状。掌控你焦虑的内心，第一步是尽你所能更多地去了解焦虑。在这章里，你会了解到焦虑什么时候是有用的，什么时候没有用，我们会介绍三件让你的焦虑不断循环的事情。最后，你会看到一些青少年的例子，看看焦虑是怎样困扰他们的，焦虑又是如何影响他们的生活的。

焦虑是什么？

每个人都会感到焦虑，焦虑是一种人人都会体验到的正常情绪。在重大考试前，在参加重要的比赛前，有一些小紧张是很正常的。事实上，有点小焦虑是一件好事，它会保护你。例如，在你放学回家的路上，一条大狗突然跑到你面前龇着牙冲你叫，你会伸出手爱抚它吗？肯定不会对吧，这是因为你内心的焦虑在告诉你"危险"，而你的身体听到了。出于安全，你会慢慢地远离这条大狗，走另外一条路回家。但是有时候，你内心的焦虑也会告诉你某个对象或某种情境是危险的，而事实上并不危险，或者这种危险是很小的或很可能不会发生。然而，你的焦虑的身体有时候并不知道其中的差别，它会听从你内心的焦虑并会表现得似乎危险确实存在。接下来，你的焦虑的身体就会去保护你，这就会导致无益的焦虑。

如何判断自己是否过度焦虑？

当你感受到无益的焦虑时，你内心的焦虑就会像一个轮子一样旋转起来。我们把这个现象称之为焦虑的循环。

焦虑的循环包括三部分：焦虑的心理、焦虑的身体和焦虑的行为。焦虑的心理是那些让你焦虑的想法，比如："如果我数学测验不及格怎么办？""如果她认为我很奇怪怎么办？"当你内心很焦虑时，你总会担心有什么不好的事发生。比如，你担心足球比赛时漏掉重要的传球，担心同学觉得你不够聪

焦虑的循环

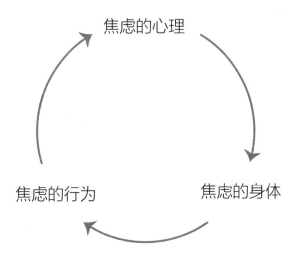

焦虑的心理

焦虑的身体

焦虑的行为

明，这些想法无疑都是你的焦虑心理导致的。此外，还有一个因素能让你的焦虑循环起来，那就是你的焦虑的身体。

当你内心焦虑时，你会体验到不同的身体感受：心跳加速，呼吸加快，出汗，可能你还会觉得恶心和紧张。很快，你的焦虑的心理会触发你的焦虑的身体，焦虑的循环就会开始转起来，接着，你就会有更多焦虑的想法和更强烈的身体感受。这时，这个焦虑的循环就真正转起来了。

一段时间后，你的焦虑的行为也会跳到这个循环上来。焦虑的行为，是那些你认为做起来是安全的，可以用来防止不好的事情会发生的，可以应对你焦虑的心理和焦虑的身体而做的事情。例如，如果你在社交场合或人多时会感到焦虑，那么当别人问你是否喜欢某个电子游戏时，你可能认为反问他而不是直接说出你的看法更安全；比起那些平时成绩很好的同学，你可能会多学几个小时来准备考试，就是想确保自己能考好；你可能会在周五晚上待在家里，避免和同学出去。这些做法都是因为你会焦虑。

但焦虑的行为并不能解决问题，它只会让焦虑的循环不停地旋转。有时，可能因为这个循环转得太快、太强烈了，你不得不离开某个情境，比如离开一个聚会或远离一群伙伴。也许这会让你的焦虑心理缓解一点，让你的身体不那么紧张，但对于克服那些让这个循环转起来的焦虑，其实并没帮助，这些行为只是让它转得慢点，直到下一件事还会再次循环起来。

对有些青少年来说，焦虑的循环转得太频繁了，他们的焦虑变得很强烈，有些过度了。考虑一下，你的焦虑水平是否过度？注意以下四个问题可能会对你有些帮助。

● 你的焦虑与情境是否不相称？

如果一只有毒的大蜘蛛掉在你面前，你是有理由感到焦虑的；但是如果只是一只无毒的小蜘蛛，你也感到同等程度的焦虑，这还合理吗？如果你对自己觉得很难的考试内容或没学过的内容感到焦虑，这是正常的；而对你来说一个很简单的测试，你还是感到同样的焦虑，这还正常吗？如果你发现你通常会对一些事情感到极度焦虑，而其他人似乎只是有些小担忧，你的焦虑可能就是过度了。

● 你的焦虑是否干扰或妨碍了你的生活？

如果你想拥有更多的朋友，而你因为焦虑甚至和别人打招呼或参加学校活动都有困难，你的焦虑可能就是过度了。如果你的焦虑感在一个考试中越来越强烈，尽管你已经学习了这些内容，你仍然无法集中精力在题目上或不能保持思路畅通，你的焦虑可能就是过度了。正常的焦虑是用来保护你并帮助你能好好生活的。如果你的焦虑干扰到了你的生活，让你跟不上其他同龄人，你的焦虑可能就是过度了。

● 你的焦虑是否让你痛苦？

有时，有严重焦虑的青少年也能正常生活。他们可以坐电梯，可以正常学习，可以参加考试，在课堂上也会回答问题。但是，他们做这些事时会感到非常紧张和不舒服。如果你也有类似这种情况，你的焦虑可能就是过度了。

● 你的焦虑是否持续很长时间了？

如果你的焦虑断断续续已经持续了很长时间，你的焦虑可能就是过度了。大多数的焦虑发作会反复出现。如果某天你正在电梯里，电梯突然停在了两层楼中间，当你第二天再走进电梯时你可能感觉有点焦虑。不过，这种焦虑很快就会过去，很可能一两天之后你就会忘记发生过什么。但是，如果你的焦虑是过度的，你可能从此就对坐电梯感到焦虑了。一般而言，大多数的焦虑和恐惧会在六个月内减退或消失。如果你的焦虑持续得比这个时间长，你的焦虑可能就是过度了。

我们知道焦虑是悄无声息的。即使是过度的焦虑，在你意识到它妨碍了你的生活之前，也可能已经存在很长时间了。下面是焦虑会影响青少年生活的一些典型方面，仔细看看，你焦虑的内心让你觉得有下面这些困难了吗？

● **功课**——你会因为太担心而不能按时完成作业或无法

专心致志地完成吗？你会特别担心老师或其他同学对你做功课的看法吗？你会在考试时或完成老师布置的学校作业时感到非常焦虑吗？

- **友谊**——你会因为太焦虑而避免和别的同学打招呼吗？你会因为担心朋友或其他人对你的看法而很难说"不"吗？你会因为太焦虑而不敢和别人交朋友吗？

- **家庭**——你需要询问你的父母才能安心地认为事情会进展顺利吗？你会因为和朋友们一起出去感到焦虑，周末就一直待在家里吗？你会因为父母坚持让你克服你的恐惧去尝试新事物而经常和他们发生争执吗？

- **运动**——你会因为太担心自己的表现而退出某项运动吗？你在踢球或击球时会犹豫，是因为你担心自己会犯错吗？你在表演或比赛前会因为太焦虑而出汗或想吐吗？

- **工作**——你不喜欢现在的工作，你会因为过度担心而不敢去找新工作吗？你会因为担心犯错而花太多时间用来反复检查已经做完的事吗？

- **健康**——你的睡眠不足或在睡眠方面有其他问题吗？你不爱吃饭或吃太多吗？你发现你自己没按医嘱而自己吃药吗？

如果你对刚才的四个问题的回答都是肯定的，你的焦虑很可能是过度的并有些碍事了。当焦虑上升到一定水平，可能就意味着你患上了焦虑障碍。焦虑障碍与正常的焦虑和恐惧不同的是，这种焦虑更加强烈，持续时间更长（在压力性的情境已经过去后的数月还在持续），是会引发严重影响你生活的一种极端恐惧。

五种常见的过度焦虑类型

如果听到自己的焦虑是过度的，是有点可怕，想到自己也许有焦虑障碍也挺吓人的。但是，有焦虑障碍并不意味着你软弱或古怪。焦虑障碍不代表你有严重问题，它意味着那些用来保护你的情绪反应在某些情况下没有发挥应有的作用。

我们认为，分析问题是获得帮助的第一步。下面，我们会介绍一些常见的焦虑障碍，也会介绍一些青少年的事情，你会在这本书里看到他们自己是怎样说的。如果在读完下面的内容后，你想要了解更多关于某种具体焦虑障碍的信息，告诉你的父母或医生，他们也许能帮助你找到一些有用的信息。不过，确定一个人是否有焦虑障碍是一个复杂的过程，最好请有经验的心理学专业人士来做。

社交焦虑障碍（社交恐惧症）

社交焦虑障碍（社交恐惧症）是青少年最常见的焦虑障碍之一。社交焦虑是对社交场合（如参加某个体育赛事，朗诵或独奏，或参加重要的考试）的一种极端和持久的恐惧，在这些场合下会出现尴尬的情况或者是有得到别人负面评价的风险。大部分青少年对于社交场合都会感到焦虑，也不喜欢别人负面的评价。对于一些青少年，社交焦虑给他们带来的严重痛苦会阻碍他们参加日常的活动。有社交焦虑的青少年可能会过度担心别人的看法，担心别人会做些或说些让他们尴尬、丢脸的事或话，他们可能感觉任何错误都会导致灾难，会引起老师的责怪或者同学的嘲笑。

社交焦虑可能是特定性的，也可能是广泛性的。特定社交焦虑意味着只有一种社交恐惧。最常见的特定社交焦虑是对在公共场合讲话的恐惧。比如，一名青少年在班上做展示需要发言时，或当老师让他回答问题时，他感到极其焦虑，就属于这种情况。其他常见的特定社交焦虑，包括对参加考试的恐惧，对使用公共卫生间的恐惧，对在公共场合说话会害羞的恐惧，等等。广泛社交焦虑不是那么特定，包括对任何让你感到别人会注视你或评论你的社交情境的恐惧。让我们来看看博比的故事。

我从小就很害羞，但是在我进入中学后这就变得很糟。学校很大，我仅有的几个朋友会和一些新朋友一起玩，我非常担心这些新认识的朋友会觉得我蠢或者古怪。我和其他同学唯一的交流是在网上。我做了自己的网站并开了自己的博客，但是一段时间后，我不再更新博客了，因为我担心当别的同学看了我的博客后会怎么看我。我觉得我的人生就是太无趣、太蠢了，别人会觉得我是个废物。我上中学第一年的时间大多花在了给计算机老师帮忙和在图书馆看书上。我开始讨厌上学，有时会装病，这样就不用去学校了。现在，我在见一个心理治疗师，他告诉我我有社交焦虑障碍。我一直在努力解决这个问题，我可以告诉你的是，现在的我对其他同学的看法不那么担忧了，虽然我想让同学们喜欢我，但是我知道即便没人喜欢我，那也不是世界末日。

——博比，15 岁

广泛焦虑障碍

广泛焦虑障碍是对一系列的事件和活动产生的过度焦虑和担忧，而这些事件和活动是日常生活中经常会发生的，这种焦虑和担忧很难摆脱，就像是焦虑心理的高速运转。有广泛焦虑障碍的青少年和别人担忧的事情差不多（学习成绩、友谊等），只不过他们的担忧比别人的更强烈、更极端一些。此外，有广泛焦虑障碍的青少年大部分日子都会觉得紧张不安，觉得烦躁，甚至可能会有睡眠问题。看看下面克莱的这个故事吧。

一旦我对某件事情开始担忧，我好像就不能让担忧减弱。我的医生把我这种担忧叫作广泛焦虑障碍。它总是扰乱我的内心，这让我很烦，因为从我记事起这种担忧就在我的生活里了。"它是从什么时候开始的？"这个问题很难回答。不过我知道这个问题开始困扰我是在六年级时。那时，学习的难度突然变大了，课业负担更重了，这些事让我开始担心我以后能不能考上好大学，我特别担心。我的老师告诉我，我不应该这么担忧。尽管我的成绩挺好的，我也很努力，但我还是担忧。很多个晚上我会熬夜到很晚，一遍一遍地检查作业是不是有错误。大多数晚上，我都睡不着，因为我的内心无比焦虑，我对我要做的所有事情都感到担忧。有时我需要一个多小时才能睡着。我从没想过我的担忧太多了，直到我意识到自己因为太担心而不敢去参加校篮球队的选拔。意识到这点对我有很大帮助。我热爱篮球，我不会让我的焦虑心理阻碍我做我热爱的事情。

——克莱，17 岁

强迫障碍

强迫障碍是另一种焦虑障碍。强迫障碍包括了极端的或过度的强迫观念和强迫行为，或在两者上消耗了大量的时间，引发了很大的痛苦，除此以外还对个体的日常功能造成了干扰。强迫观念是想法、念头、想象或冲动进入一个人的头脑里，往往会让人感到焦虑或不舒服。有强迫障碍的人知道这些想法和念头并没什么意义，也会尝试不去想它们，但是它们就是会进入脑海，持续几个小时、几天、几周或几个月。因为这些强迫观念会残酷无情地不断进入脑海，有强迫障碍的青少年发现他们自己会强迫地做一些事情来摆脱这个想法或阻止坏事的发生。一个有强迫障碍的人可能会花好几个小时来打扫和整理他的房间；可能要检查15到20次他的书包，才能去上学；可能也要检查他的字是否完美得横平竖直，是否完全写在格子里，反复擦擦改改。有强迫障碍的人会花很长的时间做这类事情，拼命地想要停下来可就是停不下来。来看看强迫障碍是如何困扰16岁的敏的。在她没意识到时，过度洗手已经牢牢把她困在其中了。

我非常喜欢打排球，可是从去年开始我就不再玩了，因为我总担心自己会生病。我不愿意去想我摸的球是别的同学摸过的。我知道这听起来很奇怪，但是我担心会得一些可怕的疾病。我甚至都说不出来是什么病！我一直都有点洁癖。我妈妈是个护士，一开始，我觉得我这么担心生病是因为她。她总是告诉我要洗手，在我咳嗽或打喷嚏时要遮住嘴。现在我知道不仅是因为我妈妈，我有强迫障碍。在我因为强迫障

碍获得帮助前，我一天要洗四五次澡。我的朋友问我为什么我的手总是红红的还裂口子，还想知道为什么我不再和他们一起出去吃饭了。他们不知道我是因为害怕生病，他们不会理解我这个想法的。其实我自己也不完全理解这个想法。

——敏，16岁

惊恐障碍和广场恐惧症

惊恐障碍包括反复出现的不可预测的惊恐发作。惊恐发作是非常强烈的躯体感受，比如呼吸急促、窒息、出汗、胸疼和心悸等，还有强烈的感觉让你觉得你要疯了或失控了。有惊恐障碍的青少年不断地感受到会再有一次惊恐发作的恐怖感觉和担忧。很多时候，第一次惊恐发作会引发一波更多的惊恐发作，一个星期三次以上的发作，直到寻求帮助。

大多数有惊恐障碍的青少年开始时会回避特定的场景，因为他们认为如果出现惊恐发作可能不能马上逃离或者在他们需要时不能获得帮助。我们把这种回避特定地点或情景的模式叫作广场恐惧症，大多数有惊恐障碍的青少年多少都会有这种体验。青少年回避的典型地方或情景是人多的地方（商场、电影院），封闭的空间（隧道、地铁、飞机），公共交通工具（火车、公交车、飞机），或一个人在家，或身边没有朋友，或家人在离自己远的地方。来看看黛茜的故事，她从拥有高中忙碌有趣的生活变成了一个完全的隐士。

医生告诉我惊恐障碍其实差不多就是对恐惧的恐惧。当我出现第一次惊恐发作时，我感觉自己快要窒息了。我真这么觉得。医生说我没事，我只是出现了惊恐发作，但我还是很担心。我真的感觉自己快疯了，会做出一些让人尴尬的事，比如尖叫或到处跑。一开始，我试着忍过去，试着控制我自己。但是我发现我越是控制我的焦虑，我就变得越焦虑。当我开始因为担心会出现惊恐发作而拒绝和朋友们出去时，我知道我需要帮助了。我不想去参观大学，因为我担心我会出现惊恐发作而不能回到家里。不过，真正让我觉得需要帮助的是当我因为害怕而不敢去学校的时候。就是这样，我知道我需要一些帮助了。

——黛茜，17 岁

特定恐惧症

特定恐惧症是一种强烈的恐惧，极力回避一种特定的对象或情景。当某个特别吓人的事情发生在人们身上（被狗咬了），或当一个人反复看到某人（朋友或父母）害怕某些事情时，他们会出现特定恐惧症。

大多数有特定恐惧症的青少年不去寻求帮助，因为还没有对他们的日常生活、上学或交友等有所影响。在特定的情况下，人们会对很多事情产生恐惧。有多少种事情或情景就会有多少种特定恐惧症。最常见的几种特定恐惧症有：

- 害怕动物（蛇、蝙蝠、蜘蛛、蜜蜂）；
- 恐高（高楼、山顶、桥）；
- 害怕飞行（飞机失事、机舱减压）；
- 害怕医生（医疗临床操作）；
- 害怕打雷或闪电；
- 害怕血或疼；
- 害怕疾病。

现在，让我们来看看艾丽的故事。

我一直对蜘蛛怕得要死。我妈妈也怕蜘蛛。这似乎不是什么大事。我睡觉时总是盖一条特别重的毯子，因为我怕蜘蛛会爬到我身上。有时候我让家人觉得很麻烦，因为我不敢从橱柜里拿任何东西，也不敢打扫我的床底下。我让他们帮我做，因为我害怕这些地方会有蜘蛛！但是最让我和我家人烦恼的是，我从来不在夏天去度假，只有在冬天，而且还得是去的地方不会见到蜘蛛，我才会去。直到我知道我们班今年夏天要去旅游，我的很多朋友都去。我也想去，可我一想到这个恐惧，我就感觉非常害怕，它已经开始让我退缩了。

——艾丽，14岁

焦虑能完全消除吗？

不论是焦虑还是焦虑障碍，本书的目的是帮助你学会缓解你的焦虑心理和身体，而并不是消除你所有的焦虑和恐惧。我们只是想帮助你减少那些无益的、不能保护你的、对你构成阻碍的焦虑。换句话说，我们想帮助你摆脱无益的焦虑。在本书中，我们介绍了一些方法来应对焦虑循环的三个部分。你会在第3章学到缓解焦虑情绪的三种方法，来帮助你放松身心。在第4章，你会了解到青少年常见的焦虑想法，学到缓解焦虑心理的方法。在第5章，你会学到怎样克服自己的恐惧心理，以及如何改变你的焦虑行为来减缓焦虑循环的速度。此外，在第6章，你会学到当你的焦虑循环到失去控制，出现惊恐发作时，你要做些什么。

第2章
青少年焦虑时该怎样求助？

生活中我们常常会帮助别人，比如，帮助朋友解决冲突，帮助父母完成家庭琐事，帮助弟弟妹妹学习。即使你经常帮助别人，有时你也需要寻求帮助，比如，学习上的困难老师会帮助你，你心情不好时朋友会听你倾诉。但是我们都知道，有时提供帮助还是要比寻求帮助容易一些，应对焦虑和惊恐就属于这种情况。

在上一章，我们谈到了你什么时候可能需要帮助。在本章中，我们会帮你更加清晰地理解向谁求助和如何求助，以及是否应该这样做。首先，我们列举出一些青少年拒绝被帮助的理由。接着，我们讨论了接受帮助的好处，也会说到一个重要的不利方面。此外，我们会告诉你如何建立一个支持的团队来帮助你缓解焦虑心理，包括如何找到一个心理治疗师来帮忙。最后，我们回答了大多数青少年会问的关于心理治疗的问题，可以让他们觉得接受这种帮助是有道理的。

拒绝被帮助的六个常见理由

对接受有助于你缓解焦虑的帮助，你可能有充分的理由去拒绝。你可能认为你的焦虑没那么严重，或者你觉得可以接受现状。很多青少年在接受帮助上存在困难，他们可能会认为：

- 还没那么严重。
- 今天还没那么糟。
- 我觉得现在这样还行。
- 承认需要帮助太尴尬了。
- 又有什么用？
- 我不想麻烦别人。

让我们来分析一下这些常见的理由。为什么青少年不想要帮助，你可能会有不同的看法。

还没那么严重。 有时青少年否认自己有问题，或者他们会尽量轻描淡写自己在缓解焦虑时的那种艰难。他们可能会和那些他们知道的也在焦虑的家人或朋友相比，然后会想："我的焦虑不像他的焦虑那么严重。"如果这样比较，会让你更难承认自己出现的问题，你会认为自己的焦虑一定要极其严重或自己必须承受了极大的痛苦，才能够接受帮助。然而，这并不是真的。不同的青少年对焦虑有不同的反应。事实上，你可能比某个家人或朋友能应对得更好，但你的痛苦和焦虑可能仍然是过度的。如果你觉得很痛苦，这就是去寻求帮助的充分理由。青少年不接受帮助的另一个原因是，他们以前似乎在各个方面都是完美的：他们在学校拿到了全优的成绩，他们很受欢迎，他们是某个队的队长，他们在任何尝试的事情上几乎都成功了，父母、朋友和老师认为他们是完美的或是最好的。在他们看来，完美的青少年是没有问题的。有些青少年可能会想："没问题的，没理由去寻求帮助。"但事情的真相是，仅仅因为在生活中的很多方面你都做得很好，并不意味着你不能从帮助里获益。进一步说，没有人是完美的，对自己有这样的期待真的会给你增添很多的压力和焦虑。

今天还没那么糟。有时候青少年会觉得焦虑，可有时候又觉得不那么焦虑。焦虑的波动（自然的起伏）会让青少年更难看到这是否真的是个问题了。特别是当他们觉得不焦虑，生活似乎很轻松时，就更是这样。"为什么我需要帮助？我不焦虑啊！"不过，只是因为焦虑情绪有起伏，并不意味着这不是问题。相反，想一想你的焦虑是否在好几个月或好几年里，一直起起伏伏的，而不是在每天里起伏。通常，焦虑和恐惧会在六个月内降低或消失。如果你的焦虑持续的时间比这个时间长，你的焦虑可能就是过度了，就已经成了问题。

我觉得现在这样还行。有些青少年的父母认为他们的孩子的焦虑水平是正常的或可接受的，会说："你现在这样就挺好。"他们这样认为的原因是多种多样的。有些父母本身就是焦虑的，他们认为大多数时候觉得焦虑或回避特定情境是可以的。当他们看见自己的孩子和他们有相同的感受和行为时，他们会认为是正常的，并没有意识到这是问题。

还有些父母不太确定要不要告诉自己的孩子，他们认为如果告诉孩子有焦虑的问题，他会难过。这些父母假装孩子的焦虑是正常的并秉持"眼不见心不烦"的原则。此外，父母可能会试图通过体谅或帮孩子做一些事来减少他的焦虑，以此保护自己的孩子。例如，父母可能会开车送孩子去上学，这样他就不用自己坐公交车了；允许孩子不做家务，这样他就不会弄脏手或接触细菌；或进行其他一些调整，这样他就不用去面对令他害怕的情境了。

最后，很多孩子都是独生子女。独生子女的父母没有任何比较。很多时候父母能发现问题，是因为孩子的兄弟姐妹已经有过类似的问题，这就能让父母知道什么时候他们的孩子会出现问题。有很多原因导致父母会告诉他们的孩子："你现在这样就挺好。"不幸的是，这会让青少年意识不到可能存在的问题。

承认需要帮助太尴尬了。没有人喜欢承认自己有问题，我们需要勇敢面对。有些青少年会觉得焦虑是很羞耻和尴尬的，他们不想承认自己有这个问题。当他们把自己和那些似乎拥有一切的朋友相比，和那些朋友众多、成绩优异、生活幸福的人相比时，他们会觉得自己有毛病或不正常。通常，由于自己焦虑而做了（或没做）什么事时，青少年会因此而感到尴尬。也许他们需要一天给父母打几次电话，或不愿意用学校或其他公共场所的卫生间。他们努力不让朋友发现这些行为，一旦被发现了，他们会轻描淡写地一笑而过，其实他们心里觉得很羞耻，希望事情不是这样的。

又有什么用? 有些青少年已经出现了长时间的焦虑问题，但他们不觉得自己能做些什么。有的青少年，也许父母鼓励他可以住在朋友家，可是每次他都找个理由回家来。也许有青少年试着自己来面对恐惧，但是不能坚持下来。最让青少年泄气的就是一次次的尝试却还是做不到。一段时间后，青少年有可能就放弃了。还有些时候，青少年认为他们有这么多的担忧和恐惧，在今后的人生中不会有什么成功的机会了。或者即使他们可以克服一个恐惧，用处也不大，因为还有很多其他的恐惧需要去应对。这种态度会让青少年的情绪很低落。不过，青少年曾经的尝试失败了，可能是因为他没有找到合适的方法或因为他认为往正确的方向迈一小步或小的成功没有什么意义。

我不想麻烦别人。 有些焦虑的青少年觉得他们太依赖朋友和家人了。但事实并非如此，这些青少年对朋友和家人的依赖还不够! 他们不愿意寻求帮助，是因为他们担心如果他们要求帮助会让别人反感或让别人觉得烦。他们不想麻烦别人，认为寻求帮助是用自己的问题去给别人增添负担，认为自己的焦虑太严重了会让别人受不了。但是，这完全不符合事实。当青少年想要学习或了解可以应对焦虑的方法而向父母和朋友求助时，大多数的父母和朋友会觉得这是一种荣幸。父母和朋友更喜欢这种帮忙的方式，而不是为焦虑的青少年仅仅提供很多安慰。

尽管因为焦虑而去接受帮助很难，但是去寻求帮助是正常的。每个人都会时不时地寻求帮助。一个音乐家可能在演出前或录音前会邀请另一个音乐家进行一个额外的排练或客串演出，来热场或获得一些支持；一个演员可能在准备电影或电视剧的新角色时，去咨询一位懂得方言的老师来帮助他；一个专业的篮球运动员可能会请队友来帮助他进行跳投。也许对你来说向别人寻求帮助不是一个可能的选择，但是我们希望你能看到这可以是一个选择（或者至少考虑选择寻求帮助的可能性）。

接受帮助的利与弊

　　就像生活中的大多数事情一样，寻求并获得帮助也存在利和弊。接受帮助来缓解你的焦虑，第一个好处就是你会觉得不再独自承受了。例如，一些青少年回避社交的机会，因为他们这么认为："我会丢脸的。""我害怕会出现惊恐发作。"还有一些青少年会对他们的成绩过度担忧，待在家里一直学习。这些青少年错过了和朋友们在一起的机会。更糟的是，他们在独自承受焦虑，而且这种承受通常是悄无声息的。

　　告诉一个合适的人你有焦虑问题的第二个好处是，这是制订计划来缓解你的焦虑的第一步。父母、心理治疗师、老师和朋友，都可以帮助你设定目标、使用方法，他们会鼓励你为缓解焦虑心理所做的一切努力。

　　接受帮助的最后一个好处是，你会积累一些额外的支持来学习和运用本书里的方法。有时候，你可能想要找到一种方法，如果这时候朋友或家人可以温柔地提醒你做个放松呼吸或在压力情境下换个想法，对你是有帮助的。有些方法则比较难，如直面恐惧，能给你提供支持的人可以帮助你坚持下去并取得成功。之后在本书里你会看到，要让你焦虑的内心平静下来并将这种平静维持下去，团队和计划是至关重要的。

尽管告诉别人你的焦虑问题有这些好处，但也会有不利的一面。一旦你告诉别人你的焦虑问题，你就不能控制别人在掌握这个信息后会做什么。偶尔，朋友、老师甚至是父母在你说焦虑的时候会产生一些误解。朋友可能在某些活动时不叫你一起出去玩，因为他们担心这样会给你造成压力或让你觉得更不好受；老师可能认为你在以焦虑问题为借口而逃避功课；父母可能会过于重视这个问题，或认为你在小题大做。这些反应对你都是没有帮助的，很可能会让你更加难受。

在考虑告诉别人你的焦虑问题的利和弊时，我们希望你在告诉他之前先仔细想想他会怎么处理这个信息，这样你就能做好准备快速纠正他可能出现的误解。当然，还是有些人，不管你怎么说，还是会对焦虑存在误解，也许这些人就不是可以帮助你的合适人选。这种情况，你就要去找其他人寻求帮助。如果你在接受心理治疗，你的心理治疗师也许能给你一些建议，告诉你哪些人是你可以分享这个重要信息的最佳人选。

建立支持的团队

一旦你决定寻求帮助，应考虑选择几个人组成一个团队来帮助你解决焦虑问题。需考虑的是，这个团队里要有一个支持者，还要有一个专业的心理治疗师。这个支持者可以帮助你找到专业的心理治疗师来加入你的团队，并在你学习和使用本书里的方法时为你提供支持。当你很难受或对执行下一步计划过于害怕的时候，可以把这个支持者想成一个在场外为你加油的啦啦队队长。很多青少年会选择他们认识的某个信任的成年人作为支持者，比如父母或学校的辅导员。

一个专业的心理治疗师也是这个团队的重要成员。心理治疗师了解本书里的很多方法，更重要的是，他有帮助其他焦虑的青少年学习和使用这些方法的经验。一个有资质的心理治疗师可以是在诊所、医院、学校或私人工作室工作的咨询师、心理学家或精神科医生。可以把这个人想象成一个教练，他不仅提供场外指导，也会进到场内传授你策略和方法，帮助你形成有步骤的计划，从而应对你的焦虑和惊恐。

找到支持者

尽管没有完美的支持者，选择那些关心你以及关心你的身心健康的人是最重要的。对很多青少年来说，他们的支持者通常是一个成年人，比如父母、其他家庭成员、老师、学校辅导员等。不过，你可能更倾向于加入这个团队的是那些成熟和可靠的兄弟姐妹、好朋友，他们可以为你提供同伴间的支持。你可以去找父母让他们提供额外的帮助，例如当你需要一个成年人给保险公司打电话或安排第一次心理治疗的预约时。下面这些标准可以帮助你判断一个人是否适合做你的支持者。这个人达到的标准越多越好！问问你自己：我的支持者是一个什么样的人。

- 是否在我需要支持时，我可以当面、通过邮件或通过电话联系上的人?

• 是否愿意倾听我说话，而不是认为我的担忧都是鸡毛蒜皮的小事的人?

• 是否熟悉我的特殊情况，只要在我安全的情况下愿意并能够对这些信息保密的人?

• 是否能给我尊严和尊重，把我的焦虑问题看成是我的一部分而不是全部的人?

• 是否愿意帮助我找当地的资源，包括有资质的心理治疗师或支持小组的人?

在读完这些标准之后，你能想到可能适合当你的支持者的这个人吗? 一旦你选好了你的支持者，下一步就是想办法怎么去接近他以及怎么说。首先，要选择一个你可以面对面和他交谈的时间，尽管电话或邮件也可以作为备选方案。其次，确保你们谈话的地方足够私密，并且有至少30分钟来充分讨论你的状况。最后，列个大纲，列出大致你想告诉他关于你焦虑的哪些方面。你想要:

• 介绍你的焦虑问题。
• 解释这是怎么成为一个问题的。
• 从这个人那里获得他会帮助你的承诺。

我有焦虑问题。首先，你需要介绍这个问题。传达出你想要分享一些重要的个人问题。说清楚这个信息是保密的，告诉你的支持者，他可以告诉谁，他不能告诉谁。让你的支持者知道你正和焦虑作斗争。

我的焦虑已经成为一个问题了。 下一步，你需要解释关于你的焦虑变成问题的一些细节。描述你的感受以及焦虑是如何妨碍你的生活的。例如，如果你因为焦虑不再做某些事了或去某些地方了，都要告诉这个支持者。你的成绩下降了吗或朋友告诉你你的担心太多了吗？你的睡眠或胃口受影响了吗？最后，向支持者解释这些发生多久了以及你做了什么来应对你的焦虑，包括哪些有用哪些没用。

你可以成为我的支持者吗？ 在谈话的最后，获得他会帮助你的承诺。向他解释你想要获得他和专业人士的一些帮助。之后，解释他怎么来协助你。

你们的讨论可能像这样：

我想和你说些重要的事。我真的很希望你能保守秘密，因为我不想让我的朋友们或老师知道。我觉得我的焦虑和压力已经超过我自己能应对的程度了，我开始出现焦虑发作。每次在学校里当着别人发言时我真的很焦虑，周末和朋友出去时我也会出现焦虑发作。我甚至想到要出去都会这样。晚上睡觉我也很困难，课堂上我也不能集中注意力，因为我担心在大家面前显得像个傻瓜。这样已经持续了几个月了。一开始，我以为会过去的，但是并没有，我真的很想好受一些。你能帮我找一个能和我谈谈这些的专业人士吗？

如果你邀请某人成为你的支持者而他回绝了，别太灰心。再去想想还有谁符合条件来承担这个角色并去询问他。一旦你找到了有时间、有能力、可以给你提供帮助的支持者，让他帮你找一个有资质的心理治疗师。这就能让事情运转起来，是获得你需要帮助的第一步。

找到一位专业人士

告诉一个陌生人关于你所有的焦虑和最大的恐惧听起来太可怕了！很多青少年在第一次见心理治疗师时都会觉得紧张，特别是如果他们从来没有跟不认识的人讨论过他们的担忧和恐惧时。事实上，很多青少年曾经告诉我们，他们第一次进来和我们说话前会犹豫或会怀疑心理治疗能不能帮助他们。但是，我们希望你不要让你的焦虑和怀疑阻碍你去获得帮助。与一个可以教给你实用和有效方法的心理治疗师一起努力，就像本书里介绍的这些，是有益于缓解你的焦虑计划的重要组成部分。

为了缓解一些你对于开始心理治疗的焦虑，你需要知道这个人是可以帮助你的合适的心理治疗师。在第一次会面时，你完全可以询问心理治疗师他是否有能力来针对你的焦虑帮到你。此外，很重要的是，你觉得和这个心理治疗师在一起是舒服的，同时清楚地理解在帮助你时你的角色和他的角色。为确认心理治疗师是否有能力帮助你，可以问他这些问题：

- 你的专业培训是在医学、咨询、社会工作还是心理学方面？
- 你有针对青少年的工作经验吗？
- 你有治疗焦虑和焦虑障碍的经验吗？

• 你会保护个人的隐私，只告诉那些你认为必要告知的人吗？

• 你会帮助我为缓解焦虑心理设立清晰的目标吗？而且这些目标对我而言是现实且合理的。

• 如果我觉得心理治疗没有帮助，如果我对改进心理治疗给你一些反馈，你能开放地对待这些反馈吗？

一旦你决定准备好开始心理治疗，你就需要去找一位有资质的心理治疗师。如果你住在大城市或人口很多的地区，找到一位有资质的心理治疗师就比较容易。不过，如果你住在乡村或小的社区，可能就更困难些。下面有些办法可能会帮助你找到合适的人：

• 和医生谈谈，让他们给你推荐一个儿童和青少年的心理治疗师。

• 使用网络资源，比如美国心理学会、认知治疗学会、行为和认知治疗协会等网站。

• 和其他可能知道你周边有资质的心理治疗师的成年人谈谈。

很多第一次考虑心理治疗的青少年往往对第一次会面都很不确定。不要认为心理治疗和心理治疗师看起来像你在电视上或在电影里看到的那样，这些形象并不完全准确。

为了帮助你进行准备，看看一些青少年关于心理治疗的常见问题以及我们给出的回答。

关于心理治疗的常见问题

问题：见心理治疗师之前，我必须接受测试或身体检查来确定我出了什么问题吗？

回答：很可能不需要。一些医生和心理治疗师可能需要你填写量表来帮助他们了解你的状况，而另一些可能只是通过询问问题并同时记录，就像访谈那样来搜集这些信息。获取这些信息可以帮助他们掌握发生了什么，从而针对你形成最佳的治疗计划。不过有时，如果你的医生是精神科医生，他是可以开药的。在他给你开任何药之前，他可能需要你做一些医学检查或给你做身体检查来决定你是否健康，并确认你是否会有引发焦虑症状的身体问题。完成这些步骤可以确保你的精神科医生能安全地开药。

问题：医生会告诉我的父母、老师或其他人我说了什么吗？

回答：有一个术语叫作保密原则，是说对于心理治疗师可以和其他人分享什么信息的保护。不过，因为在你18岁前还是未成年人，你的父母有法律权利在不经过你同意或许可的情况下和你的医生谈话。因此，我们推荐你在开始心理治疗前和你的父母以及心理治疗师讨论这些，这样你们就能一起决定哪些信息是私密的，仅限于你和你的治疗师之间，哪些信息是他可以告诉你的父母、老师或其他人的。

问题：我必须吃药吗？

回答：一些医生可能在接受咨询或心理治疗的同时推荐你服用一些药物。与你的医生和父母谈谈这个问题，以便你更好地理解为什么医生在心理治疗的同时推荐药物治疗。

问题：我多久见心理治疗师一次？

回答：会面的次数可以从几次（少于 10 次）到很多次（20 次或更多）。你的心理治疗师会根据你的具体情况，焦虑对你的生活的影响，以及你想通过心理治疗达到什么目标，来决定会面的次数。

问题：如果我不喜欢那个心理治疗师怎么办？

回答：我们希望你会足够喜欢那个心理治疗师，这样你会至少去见他几次来决定他是否能帮到你。如果几次会面后你确实不想再联系他了，和你的父母或和心理治疗师本人说，看看你是否能知道为什么会出现这个问题，然后确定是不是找其他治疗师会更好些。

问题：为什么心理治疗师能比那些我认识和信任的人更好地帮助我呢？

回答：尽管那些你认识和信任的人，甚至是你爱的人，在你和焦虑作斗争时是很棒的支持来源，但是有时他们还有其他的角色和责任使他们没办法充分帮助你。所以，当朋友或父母给你建议时也很难保持完全的客观。心理治疗师的工作是把你的利益和身心健康放在第一位，同时在他给你建议的时候尽量保持客观。此外，在帮助焦虑的青少年方面，富有经验的心理治疗师会知道哪些方法和哪些建议是最有效和有用的。尽管本意是好的，但朋友和父母有时建议的事情可能会让你的焦虑和惊恐变得更严重。

不要一个人去面对

　　学习如何缓解内心的焦虑是件艰难的事，如果你认为你不得不一个人来做就会更难。寻求并接受合适的帮助会让人感觉害怕，但这往往是缓解焦虑的第一步。即使你现在不接受帮助，知道可以获得帮助也能让你感觉不那么焦虑，对你来说更有希望能认识到事情是可以有改善的。

　　本章里，我们提到了青少年拒绝被帮助的六个常见理由，并逐条说明了获取帮助的利与弊，这样你就能做出正确的选择去决定是否接受帮助。除此之外，我们还讨论了如何确定并邀请一个支持者和一个心理治疗师加入你的团队，来帮助你平复内心的焦虑。如果你需要更多的时间来仔细考虑这些，就花时间去想想吧。要是你想再看一遍这一章就尽管去读，特别是接受帮助的利与弊那部分。一个好的团队会让你更快地掌握缓解焦虑问题的方法。祝你好运！

第 **3** 章

怎样缓解焦虑的情绪？

你看过美国职业篮球运动员勒布朗·詹姆斯站在罚球线时的状态吗？他拍几次球，同时会慢慢地深呼吸一次、两次，也许是三次，这样会让他的身体和内心都平静下来。然后他停下来，全神贯注地盯着篮筐，想象篮球平滑地穿过篮圈，最后投中。他通常都能完成一个干净利索的命中。同样，大提琴家马友友在演出前会紧握拳头或耸耸肩膀，以缓解紧张。看似这些行为很小并不起眼，但想想这样：深呼吸和肌肉放松使得勒布朗·詹姆斯和马友友保持了冷静和专注，而这正是他们有惊人表现的重要因素。

学习如何平复内心的焦虑，首先要学习无论在什么情况下都能让你的身体平静下来。对我们大多数人来说，呼吸是自动化的，我们在呼吸时并没有意识到自己在这么做。但是当压力和焦虑侵袭你的身体时，你有没有注意到呼吸的变化？当你觉得有压力或焦虑时，你的呼吸变快，也叫过度换气，这会引起你吸入过量的氧气，造成血液中氧气和二氧化碳的失衡，从而引发血管紧张，使得没有足量的氧气到达身体器官和细胞。这会让你有头晕目眩、刺痛麻木和头重脚轻的感觉，尽管这些感觉是无害的，但是会让人觉得奇怪和害怕，从而会让你的焦虑循环起来。另外，当你呼吸变快时，你的肌肉会变得紧张，让你感觉疲劳和疼痛。即使你呼吸并不急促只是感觉有压力或焦虑时，你的肌肉也是紧张的。你感觉焦虑的时间越长，你的肌肉就越紧张。

你可以通过学习如何处理急促呼吸、放松肌肉和平静内心，来让你焦虑的身体平静下来。如何做到这些呢？本章会教给你让身体平静下来的三个重要方法，分别是腹式呼吸法、渐进式肌肉放松法和可视化想象法。在每部分都包括了指导和小窍门，来帮助你把这些方法用到日常生活中，让你的焦虑循环开始减缓。这些方法是成功缓解你内心焦虑的计划的重要组成部分，它们简单易学，更易操作。有了呼吸法、放松法和可视法，你就能快速降低身体的压力和焦虑。一旦你的身体平静下来，你就能更好地使用本书里介绍的其他方法。

三种放松身心的方法

呼吸法、放松法和可视法的练习在没有干扰的情况下效果最好。找一个安静的地方，确保10到15分钟的时间内没有人会打扰你。关上电视、手机、电脑，确保周围也没有其他大的噪声。

接下来，找一个可以练习的时间。你可能希望有一个固定的时间，你也许会想："这不太可能吧！"但是请你思考一分钟。有没有什么时候是你没那么忙或可以短暂休息的？可能就是在你刚放学还没开始写作业的时候。或者可以计划一下，作为周末要做的第一件事或在周日晚上的晚饭前。选择一个对你来说最合适的时间，会让每天学习和使用这些技巧更容易些，有助于你成为一个能够让身体平静下来的专家。让这个练习成为优先要做的事。

我第一次听说呼吸法和放松法的时候，我以为它们是那些做瑜伽和冥想的人才做的。我也害怕别人会看出来我在练习这些方法。不过，最后我知道很多人都会在日常生活中使用这些方法，它们很容易上手，而且没人知道你在做什么。

——博比，15 岁

腹式呼吸法

腹式呼吸法是使身体平静下来的第一个方法。练习腹式呼吸法要心情平静，选择一个安静的地点，关上门，找一个舒服的地方放松地坐下来或躺下来。穿上宽松的衣服，不要交叉双腿或双臂。

开始时，想象有一条细长的管道从你的鼻子或嘴一直通到肚子里，一个红色的气球连在这条管道上。把你的手放在肚脐上方的位置，感觉这个气球随着肚子上下起伏的节奏在充气、放气。闭上眼睛，当你慢慢吸气和呼气时把你的手放在肚子上。做一个慢慢的深呼吸，空气进入你的鼻子里时数到三，停顿并保持同时再数到三，然后慢慢地数到三把气呼出来。

重复这样做时，想象红色气球在你吸气时充气，呼气时放气。全神贯注于空气缓慢和均匀地进和出。慢而平静的呼吸可以减少肌肉的紧张，降低你的焦虑。再进行一次缓慢的深呼吸，吸气时数到三。保持停顿数三下，然后放松数三下。停顿一会儿再吸气同时数三下。保持并数到三，然后呼气数到三。再停顿。

在下一次吸气时，慢慢地对自己说"平静"这个词，拉长这个词发音的同时在你的头脑中想象这个词，保持你的呼吸数三下。然后在呼气时，对自己说"内心"这个词，当你在头脑中想象这个词时拉长它的发音。重复这么做。

重复并持续这种缓慢、平静、有节奏的呼吸，再做 5 到 10 分钟，整个练习时间达到 10 到 15 分钟。如果你在练习时走神了，就再次把你的注意力集中在"平静"或"内心"这两个词上，并继续吸气和呼气，注意肚子的起伏。

总结一下，腹式呼吸法有以下几个步骤：

1. 通过你的鼻子吸气，通过嘴呼气（除非你的医生或父母告诉过你有生理原因不能这么做）。如果你不能通过你的鼻子呼吸，你可以全用嘴来呼吸。

2. 当你想象"平静"这个词时慢慢地吸气，在你吸气的过程中拉长这个词的发音。

3. 停顿并数到三。

4. 当你想象"内心"这个词时慢慢地呼气，在你呼气的过程中拉长这个词的发音。

5. 休息同时数到三。

6. 重复这个模式，一共做 10 到 15 分钟。

渐进式肌肉放松法

渐进式肌肉放松法是使身体平静的第二个方法，同时也是减少身体紧张的一个重要方法。正如前文提到的，大提琴家马友友所做的就是用来缓解演出前手部的紧张。专业运动员，比如美国职业橄榄球运动员伊莱·曼宁和美国女子职业网球运动员塞雷娜·威廉姆斯，都在比赛前有他们自己放松肌肉的窍门。你注意过伊莱·曼宁和其他纽约巨人队的队员在比赛时是怎么耸肩膀或挥舞拳头的吗？或塞雷娜·威廉姆斯和其他网球运动员是如何在发球前蹲伏、左右脚交替单脚跳的？这些姿势可以让运动员缓解压抑的紧张感，有助于肌肉的最佳发挥。

像著名的音乐家和运动员一样，你也可以学习如何放松肌肉，减少不必要的紧张和焦虑。在开始时，你可以坐下或躺下，双臂放在身体两侧，双腿不要在前面交叉。首先闭上你的眼睛，从挤紧你的眼睛开始，然后用力皱起你的鼻子，就像闻到了臭鸡蛋那样，再把你的嘴角向两侧的耳朵方向拉伸形成一个微笑。再接下来，咬紧牙，让你的嘴和下巴有紧张感。保持这个姿势同时数到15。然后慢慢地放松你的眼睛、鼻子、嘴和下巴，停留15秒，放松你的脸部不要有皱褶。此时，你的脸部是平静和放松的，你的脸颊是柔软的，你的舌头在你的嘴里是松弛的。体会这种感觉，体会在你的脸不紧绷时和紧张时的不一样。如果你知道了不同，你就能在你注意到自己肌肉紧张时让它们放松下来。

现在，移动到你的脖子和肩膀上来。把你的脖子缩进肩膀，就像乌龟害怕时那样，保持这个姿势15秒，感受脖子肌肉的拉伸和你感到的不舒服。再放松，让你的肩膀落下来，你的头部也放松，保持这个姿势 15 秒。

然后，移动到你的手和胳膊上。双手攥拳，在手腕处两臂交叉。保持你的胳膊举在你前方，然后两臂同时推，就像你在和自己掰腕子。双拳紧握，让你的胳膊保持这个姿势 15秒。然后松开拳头，把两臂慢慢地放在身体两侧，保持这个姿势 15 秒。体会你的胳膊感觉到的放松和沉重，这种放松的感觉要比肌肉紧张和绷紧时的感觉好得多。

接下来，把你的双臂放在背后，努力让两个胳膊肘碰到一起，保持这个姿势 15 秒。然后放松。

接着，吸肚子，让你的肚子变得又硬又紧，同时绷紧臀部的肌肉，保持这个姿势 15 秒。留意这种紧张有多不舒服。然后放松，在你放松臀部肌肉的时候，让你的肚子越来越向外鼓，这样做 15 秒。你可能会注意到当你做这些肌肉练习时，不断地紧张和放松，你开始感觉更放松了。你的肌肉可能会感觉沉重和平静，你的整个身体开始感觉放松。你在掌控你身体的感觉，在指挥你的肌肉让它们放松。

最后的练习是针对腿和脚的。朝前伸直双腿，脚尖朝向你的鼻子，让你的脚趾使劲往上勾。保持 15 秒，然后放松 15 秒。你的腿部在开始觉得放松时可能会感觉松弛和软塌塌的。

现在，你做完了六组肌肉群的练习。你可以重复这六步来放松身体，甚至可以多做几遍，从你的眼睛开始。

以下是渐进式肌肉放松法的简要步骤：

1. 从你的眼睛、鼻子、嘴和下巴（脸部）开始，交替紧绷 15 秒，然后放松 15 秒。

2. 让身体的其他部分和肌肉放松。从其他五个肌肉群依次进行：

- 脖子和肩膀
- 手和胳膊
- 上背部
- 肚子和臀部
- 腿和脚

3.注意感受你的肌肉在紧张和放松时的不同感觉，体会一下放松比紧张舒服的感觉。

4.如果你想要更放松就重复这六组肌肉群的练习。

请记住，如果你的医生或父母认为由于你的一些生理原因，你不适合做这种练习，那么你就不要做。

可视化想象法

可视化想象法是本章介绍的能让身体平静的最后一种方法。这种方法用于减少紧张和焦虑。通常，演员和运动员，还有其他的专业人员，都使用可视化想象法来保持冷静，促进他们的表现。美国著名高尔夫球手老虎伍兹在准备击球时使用的就是可视化想象法。在发球区，他往下看球道，想象他想把球击到哪里；之后，当他走进球洞区时，他从多个角度查看球洞区的级别；然后，在击球前，他想象球在球洞区滚动，接着落入洞中。高尔夫是一项要求精神高度集中的运动，能够提前可视化结果会让你的表现大为不同。你可以在日常生活中学习使用可视化想象法来让你的焦虑内心和身体平静下来，以此提高你的专注力和注意力。

练习使用可视化想象法，开始时要回想一个你喜欢的或安静的地方，比如在一个温暖的泳池里躺在充气艇上，或在一个阳光灿烂的日子里躺在沙滩上。接着，调用你所有的感官。你看到了什么？寻找你身边和远处的那些颜色、形状、人或动物。

你听到了什么？有鸟鸣或海浪拍岸的声音吗？有闻上去像大海或新剪的草的气味吗？你尝到什么味道了吗？想象你走到海边尝了尝咸咸的海水或者喝了一口冰镇柠檬水。

最后，感觉一下周围的事情是什么样的？想象抚摸柔软的花瓣或坚硬的石头，留意它们的质地。当你想象这些时，也许那些烦恼的、焦虑的想法或想象会闯入这个美景之中。不要试图忽视这些想法，因为这样只会让它们变得更清晰和更具侵略性。相反，让它们就像微风袭过那样经过你的美景。

我对待那些闯入我脑海中的讨厌的想法就像对待一个爱管闲事的邻居。我会说："嘿，焦虑想法，我现在很忙，没时间和你聊天。"或者我想象把这个想法折进纸飞机里，然后把它扔向空中，看着它从平静的场景中飞走了。

——博比，15岁

继续想象这个景象，至少持续5到10分钟，留意这种感觉有多平静，享受这种平静的、没有焦虑和紧张的感觉。

可视化想象法是一种很强大的方法。以下是进行练习的步骤：

1.找一个安静的地方，舒服地平躺下来。

2.闭上眼睛。

3. 想象一个你想去的安静的地方。不需要是你真的去过的地方，可以是你想去的某个地方。发挥你的想象力吧！你也可以创造出一个假想的地方。

4. 使用全部的感官（视觉、嗅觉、听觉、味觉和触觉）来增强体验，充分探索你的这个景象。

5. 留意你身体里的感觉。关注你肌肉的放松，心率和呼吸变慢，你的内心平静下来，把精力集中于你所创造的景象上。

什么情况下使用这些方法？

腹式呼吸法、渐进式肌肉放松法和可视化想象法是三个让身体平静下来的重要方法，能帮助你管理紧张和焦虑的身体。我们鼓励你创造性地去使用这些方法，包括把它们合并为一套程序。在使用这些方法时，你也可以通过调整环境来增强你的体验，如调暗灯光，播放一些舒缓的音乐。一旦你有了自己喜欢的程序，就创造出了你自己个人化的剧本。在下文中，你会看到一个剧本的例子。

当你的剧本准备好时，你可以把它刻到一张 CD 上或放到 MP3 播放器上，这样你就能随时随地练习了。对于一些青少年来说，和其他人（如朋友、父母或心理治疗师）一起练习这些方法是有帮助的。无论你是选择一个人练习还是和别人一起，开始时都要做 10 到 15 分钟，每天一到两次，每周两到四次，直到可以轻松地、熟练地使用这些方法。当你被困在焦虑的循环中时，你就可以使用这些让身体平静的方法了。你可以使用自己剧本的常见情况包括：

- 在测验、表演或运动会前；
- 睡不着觉时；
- 在惊恐发作开始时或进行中；
- 压力过大时；
- 肌肉紧绷、紧张时；
- 赴约前或参加一个社交场合前引发了焦虑时；
- 当你感觉自己被困在焦虑的循环中时。

艾丽使用的让身体和内心平静剧本

这是一个我使用让身体平静的三个方法创造出来的三合一的剧本。我是自己录制的，我会在睡觉前听听我的剧本。你可以使用我的剧本，也可以调整一下语言做成你自己的剧本。

- 平躺下来，抖动肌肉来让自己舒服一些。
- 闭上眼睛，想象一个红色气球连在一条从鼻子或嘴一直通到肚子里的细长管子上。
- 把手放在肚脐上方，感觉这个气球随着肚子上下起伏的节奏在充气、放气。
- 现在，慢慢地深呼吸，空气进入鼻子里时数到三（一、二、三）。停顿并保持，同时再数到三。然后慢慢地数到三，把气呼出来。重复。
- 几次呼吸循环之后，在吸气时加入"平静"这个词，呼气时加入"安宁"这个词。
- 继续再这样做10到15个呼吸的循环，把注意力集中在肚子的起伏上面。

· 留意你的呼吸开始放慢时那种好的感觉。记住，缓慢的呼吸有助于让你焦虑的内心和身体平静下来。

· 现在，紧紧闭上你的眼睛，从你的鼻子开始，把你的嘴角往两侧耳朵的方向拉伸，使劲地微笑。接着，咬紧牙关让你的嘴和下巴紧张起来。保持这个姿势并数到15。

· 慢慢地放松你的眼睛、鼻子、嘴和下巴，同时数到15。

· 留意在你放松面部时，脸上的褶皱不见了，就像雪融化了，皮肤平滑而放松，脸软软的，舌头在嘴里是松弛的。留意这时和脸部紧张时的不同感觉。放松的感觉比紧张的感觉好多了。

· 现在，把你的注意力集中在脖子和肩膀上。把脖子缩进肩膀里。保持这个姿势并数到15，感受脖子肌肉的拉伸和这种不舒服的感觉。

· 然后放松这些肌肉，把肩膀沉下来，放松你的头部。你的脑袋在放松时可能会觉得有点沉或软塌塌的。保持这个放松的姿势并数到15。

· 把你的注意力转移到手上和胳膊上，攥拳，双臂在手腕处交叉。双臂在身前同时相互推，就像是你在和自己掰腕子。攥拳并保持这个姿势，数到15。

· 随着呼吸的平静，肌肉的放松，就开始把你的心灵带到一个安静的地方。想象你躺在一片安静、空旷的海滩上。你感觉到温暖的阳光照在你的背上，沙粒在你的手下。你朝海上望去，看到了碧蓝的海水和白色的波浪。海鸥的叫声与这片安静、空旷的海滩形成了鲜明的对比。你闻到了从附近花园里飘来的热带花朵的芬芳。你拿起杯子，喝一小口冰镇芒果汁。

- 当你体验到这些感觉时，关注平静、安宁的感受，同时觉察到担忧和焦虑已经远去了。
- 再次开始缓慢地呼吸循环，同时在吸气时说"平静"，在呼气时说"安宁"。
- 继续重复5到10次有节奏的呼吸，并继续想象那个美丽、温暖的沙滩场景。
- 享受这个平静放松的状态想要多久就多久。

如何使用这些方法来缓解焦虑？

重新练习这些方法，体会放松是需要时间的。就像你做的大多数其他事情一样，无论是学习弹钢琴还是投篮，熟能生巧，练习会让你做得更好。日常练习会帮助你快速掌握新的技能，因此选一个你不会被分心，可以听你的录音或读剧本的时间。有些青少年喜欢在上学前或晚上睡觉前做这件事。没有所谓的正确时间，只要对你来说是合适的时间就可以。使用放松记录表来提醒你每天练习。每周一天，记录你用过的让身体平静下来的方法以及在练习过程中你的焦虑水平和放松水平。放松记录表可以帮助你追踪你的焦虑水平和放松水平随时间的变化。随着练习，你会看到你的焦虑水平评分在下降，放松水平评分在上升。过不了多久，即使在课间或其他公共场合，你也能不依赖剧本或录音进行放松训练。

我的放松记录表

	让身体平静下来的方法	焦虑水平评分	放松水平评分
星期一			
星期二			
星期三			
星期四			
星期五			
星期六			
星期日			

评分等级：0＝根本不，10＝非常

让身体平静下来的方法：腹式呼吸法、渐进式肌肉放松法、可视化想象法

第4章

青少年有哪些常见的焦虑想法？

你是否发现人们对同一件事会有不同的看法？想象一下，你的老师通知你们要去附近的城市进行实地参观。刚开始，你和同学会把这看成是一个走出学校的机会，每个人都感到高兴和兴奋。不过，再一细想，有些同学可能就不把这次参观看成是件好事了。他们可能不喜欢离开朋友和熟悉的日常生活，可能会想："我会错过和朋友在一起。我不能和他们一起吃午饭了。"有些同学可能会想："虽然我不能和朋友在一起，不过至少我能外出增长见识。"再或者有些青少年对乘坐地铁感到焦虑，可能会想："那不安全，我可能会害怕。"在这些例子里，虽然情形是相同的，但是青少年的反应和感受却不一样，因为他们对于这次参观的想法不一样。

本章的目标是了解焦虑的想法是如何影响行为和情绪的。你会学到如何识别、评估和改变有害的焦虑性自言自语，并达成一个最终的目标："聪明地思考，勇敢地行动。"我们会从描述焦虑的 A-B-C 模型开始，了解焦虑性的自言自语是如何让焦虑、恐惧和逃避持续的。本章强调的是促成过度焦虑和恐惧的焦虑性自言自语的典型特点（有问题的想法、信念和设想），我们也会提供可以用来评估和改变焦虑性自言自语的一些方法，有助于平复你内心的焦虑。

自言自语和焦虑的关系

我们把自己思考并且对自己说话叫作自言自语。这是我们解释情况的一种方式，这些解释可以确定我们的感受和行为。你可能会有很多不同类型的自言自语，这些类型也许是有益的、中性的或有害的。即使是焦虑性的自言自语，在某些时候也是有益的，这可能会让你感觉惊讶。例如，想象你正要过马路，当你正要离开路边时，突然听见轰油门的声音和刺耳的车轮声。此时，你会立刻形成一种类型的自言自语："危险。"随后，你的身体快速进入高警觉的状态，心跳加快，感受到肾上腺素的飙升，你的反射性动作会让你立即避开危险，让你躲开疾驰的车。因为这种类型的自言自语保护你避开了危险，所以这是有益的焦虑性自言自语。

但是焦虑性的自言自语也可能是有害的。如果你每次走到路边的时候都想："别过，危险！"即使路上很空，很安全。这就是一个有害的焦虑性自言自语的例子，因为这种情况是安全的或危险是非常小的。不幸的是，焦虑的青少年有太多有害的焦虑性自言自语了，这些会促成不必要的恐惧和逃避以及大量的焦虑。

解码焦虑性自言自语：A-B-C模型

　　自言自语也是自动化的，你很容易相信起初的情况就是让你感到焦虑的原因，事实上是你自己的理解或你对情况的想法触发了你的感受和行为。另一种对自言自语作用的理解方式是使用一个叫作A-B-C模型的简单模型。一种情况或事件，叫作激发事件（Activating event，A），会引发不同的感受和行为，也就是后果（Consequences，C），这是由你怎么认为（Believe，B）或怎么想的直接引发的结果。A-B-C模型说明的是，并不是这个事件让你产生了那样的感受和行为，不然的话是这样的公式：A→C。实际上并非如此，你的想法（B）和自言自语才会引发你的感受和采取的行动。例如，博比和他的朋友正在讨论夏令营的旅行（A）。博比形成了这样的自言自语："这种情况我会很尴尬，因为我不会划皮划艇。我肯定会出丑。"（B）尽管他同意参加这次旅行，但是他感觉非常焦虑（C）。他没去做比如划皮划艇这种有意思的事，相反他只是带了一些书去读（C）。

　　当焦虑发作时，你会形成很多自言自语，它们在你的头脑中就像CD里播放的曲目或播放列表上的歌曲。事实上，你焦虑的内心往往收集了那些会卡在重复模式里的内容，一次又一次地重播让你感觉越来越不安、担忧或紧张。焦虑性的自言自语就像歌曲或乐曲那样在头脑中播放，我们使用"乐曲"这个词来指代焦虑性自言自语。在你的头脑中有焦虑的乐曲正在播放吗？可能播放的内容像这样："我会很尴尬。""我永远也考不过。""我应付不了。"尽管在你的收藏列表里还存放着其他类型的自言自语，可是这些焦虑类型的乐曲似乎总是以大音量在播放着。它们播放得如此频繁，让你始终感到焦虑和害怕，使你错过好玩的活动和独特的经历。

现在，好消息来了！你可以学着重新对这些有害的焦虑乐曲进行编曲。第一步是学习在这些乐曲播放的时候如何去识别它们，去理解它们是如何让你感觉和行动的。这样做的一个方式是你可以像本章结尾介绍的那样，创建一个 A-B-C-D-E 记录表。首先，想一下你最近的一次焦虑发作。你在哪里？你在做什么？把你在哪里以及你在做什么写在 A 栏里。然后，在 B 栏里，写下让你焦虑的乐曲。在事件发生前或发生时，你的焦虑内心经历了什么？最后，在 C 栏里写下你的感受或发生了什么。对你的感觉（焦虑、害怕或尴尬）评分，从 0 分（一点不）到 10 分（最强烈）。现在先空着 D 和 E 两栏，我们会在本章随后的内容中告诉你怎么使用。

在接下来的几天和几周里，使用 A-B-C-D-E 记录表里的 A、B 和 C 栏，简要记下几个引发焦虑乐曲的事件（A）。还要准确记录你的内心活动，如"如果我迟到了所有人都笑我怎么办？"（B），以及焦虑的乐曲让你有何种感受和行为（C）。

八种导致焦虑的思维模式

你可能会认为你的内心是随机播放焦虑乐曲的。但是，想象一下，你的乐曲是在一张特别的 CD 里或具体的播放列表中，就如同有不同类型的音乐，如说唱、摇滚或乡村音乐，你会发现你的焦虑乐曲也有不同风格。有些青少年在他们的收藏列表里有很多不同类型的焦虑乐曲，而有些青少年可能只有几个。有些风格是有关对未来的预想或对别人想法的猜测，有些风格是关于对陌生环境的恐惧，等等。你有多少焦虑乐曲并不重要，重要的是你要熟悉你的收藏列表里面的特定风格。一旦你能熟练地对你的焦虑乐曲进行识别并划分类型，你就能开始评估并把它们改变成可以平复你内心的焦虑的乐曲了。在下面的风格类别里已经包含了一些改变焦虑内心的基本方法，在后文我们还会讨论如何去做的具体步骤。以下是很多青少年比较常见的一些焦虑曲风。

"非此即彼"思维的曲风

这是一种认为只有两个可能的结果——非此即彼的焦虑思维模式，两者之间没有其他可能的结果。比如，你可能会想："这次考试我要么会表现特别优异，要么考不及格。"实际上，如果你复习了，更可能的是你的成绩在这两种情况之间。生活中大多数情况都是这样，事情既不会很差也不会很完美。如果这是在你焦虑的内心中播放频率最高的曲风，试着拿一本放在书架中间的书，别去拿书架两侧的书。

"放大和缩小"思维的曲风

当你通过望远镜的一端去看时，每个东西都变大了。但是如果你通过另一端去看，每个东西看上去又都变小了。这种焦虑曲风是你对担心发生的事情的影响会进行放大或缩小。当放大时，你预计会发生最坏的情况或者你会夸大问题。你可能会想："如果我这次测验没考好，以后我这门功课就会不及格，我就永远考不上大学了。"在这个例子里，你把一次没考好放大了，把它看成是一个更极端结果的一部分。另一方面是缩小，让每件事看起来都更不重要。这经常发生在当你忽视积极方面，不给自己任何赞扬时。你可能会想："如果我不能考上哈佛，我的人生就完了。即便我考上其他大学也没用。"在这个例子里，你把考上其他大学这样一个好的成就最小化，而仅关注考上某一所特定大学的重要性。这就是在缩小化。如果你的曲风风格是这种思维模式的，试着通过正常的玻璃去看，以防放大或缩小。

"预言"思维的曲风

这是一种认定你知道或可以预测未来的焦虑思维模式。尽管你可能会预测一些像这样的事情："今天晚饭我妈妈不会给我准备冰激凌和蛋糕。"但是，绝大多数时间谁也不能准确地预测没发生的事情。如果这种曲风在你焦虑的内心中常常大声播放，你往往会预测灾难会一个接一个。举个例子，你会这样想："我考不上好大学。"相反，提醒你自己，即使你过去的一些预测最后变成真的了，很可能只是巧合。

"读心术"思维的曲风

有些青少年认为他们有很好的读心术。当一些不好的事情发生时，他们认为自己可以做到读心，然而事实并非如此。读心术是一种在很多青少年的收藏列表中都会播放的焦虑乐曲。如果你发现自己在猜测别人怎么想，那就是"读心术"思维的乐曲在播放呢。比如说你很确定你知道你的好朋友在想什么，你可能会这么想："我确定他不想和我做朋友了，他只是躲着我来委婉地拒绝我。"相反，你要提醒自己，你是无法知道别人怎么想的。

"以偏概全"思维的曲风

当你用一件小事来对很多其他事情下结论的时候，"以偏概全"思维的乐曲就在你内心的收藏列表里播放了。就像是你认为你多放了一勺糖就毁了做饼干的面，或者你认为如果自己在足球选拔赛时错过了一个传球就会被开除出队。如果这种乐曲经常播放而且声音很大，你要提醒自己，事情是受到很多因素的影响，而不仅仅是一件小事。这可以帮助你更全面地看待问题。

"灾难化"思维的曲风

当这种焦虑曲风的乐曲播放时，你会确信可怕的事情就要发生了。大多数时间你都会觉得焦虑，因为你总是预想下一个大的灾难。即使你的父母告诉你，你们的小区是有安全保障的，可当你听到卧室窗外有声音时，你还是会想："有人要闯进来！"这听起来真吓人，但是如果你知道有数以百计的灾难化预言，但没有一个成真，可能会对你有些帮助。同样，回想所有你认为最糟的状况要发生的情况。你的预测对了吗？如果没对，这可以是一个当这种焦虑乐曲以重复模式在你的收藏列表里反复播放时，可以帮助你进行检验现实的方法。

"应该／必须"思维的曲风

应该，必须，不应该，不可以！这种焦虑曲风会击垮你！想想自己应该已经完成或绝对不可以做的事，过一会儿，你就更不自信了。你开始想自己是否能做这些事，即使是那些你以前已经做过的简单的事。通常"应该"或"必须"设置的障碍对你来说太高了，因此你开始十分担忧自己是否能够做到。你可能会想："我必须每次都取得好成绩。""每个人应该都喜欢我。"你不断地提出这些期待，你的生活变得压力重重，而不是充满乐趣。你可能会在放学后不和朋友们一起出去玩，因为你这么想："我必须取得好成绩。"你感到比赛压力很大，因为你这样想："我必须赢。"你的朋友们叫你完美主义者，你也同意。"应该"和"必须"（还有不得不、需要、理应等），会给你很大的压力，增加不必要的焦虑。如果这种焦虑乐曲在你的收藏列表中播放，把它们变成看起来更可行或更合理的，比如："我想要……""如果……就好了""我会尽力去……"。试着争取优秀而不是完美。你可能想不到优秀会让你走多远，而且也会让旅程轻松得多。

跳跃思维的曲风

当你的焦虑思维在了解所有事实前就跳到了结论，可能播放的就是跳跃思维的焦虑乐曲（你会在第6章了解到更多这方面的内容）。比方说，你无意间听到朋友们在制订周末计划，当你走近时他们就停下来不说了。你的焦虑思维跳到了结论："他们不喜欢我，所以他们不叫我一起出去玩。"此后，你每次和他们说话时都变得很焦虑，还会想你做了什么事让他们觉得不高兴或失望了。如果在你的收藏列表里有跳跃思维的乐曲，现在就停止吧。当这种情况发生时，试着收集事实来构成结论，而不是直接跳到结论。一旦你收集了所有的事实，你所认为发生的就与真实发生的更接近。

以上这些常见的焦虑曲风，有没有哪个你似乎挺熟悉的？也许其中很多都在你焦虑内心的收藏列表里，也许只有几个。可能要花一些时间才能知道在你收藏列表中最常播放的特定焦虑乐曲。有时一个单一的乐曲可以有两种风格，比如这个想法："他觉得我丑，他永远不会和我一起出去玩。"（这是一个"读心术"和"预言"两种思维曲风的例子。）对很多青少年来说，他们的焦虑乐曲是自动播放的，而且非常轻柔，轻柔到他们可能都意识不到。找到你的风格或焦虑曲风，回顾一下你的 A-B-C-D-E 记录表。看看你的焦虑乐曲是否符合以上某种或某几种风格。然后，在 D 栏记下每个想法对应的具体风格的曲风。

四种改变焦虑思维模式的方法

你之所以感觉焦虑和害怕以及逃避做你想做的事情，很可能是因为你的焦虑乐曲或自言自语在作怪。正如前文所述，A-B-C 模型强调事件（A）是如何触发自言自语（B），这又会反过来去触发焦虑和逃避（C）。是焦虑性的自言自语引起了焦虑，而不是事件本身。来看看克莱的 A-B-C-D-E 记录表。他知道了并不是加入篮球队这件事（A）加剧了他的焦虑，导致他发挥失常（C）。而是他的焦虑乐曲（B）让他感到焦虑，同时对他的表现产生了不良影响。

因此，就像真的音乐一样，你也可以学习把你的焦虑乐曲重新编配或重新混音，创造出新的可以缓解你焦虑的乐曲。可能你知道音响师是那些把音乐家创造的音乐和歌词灌制在一起的人。一开始，音响师先将音乐和歌词分类

克莱的 A-B-C-D-E 记录表

A	B	C
我加入了篮球队。我的内心开始焦虑。每次一想到我是其中一员，或随队训练，我的焦虑乐曲就开始播放了。	这个赛季我会搞砸，然后被替换下场。这就是在我焦虑内心里最常播放的乐曲。	如果 10 分最高，那么我的焦虑水平现在是 7 分。我对自己的焦虑水平评分很高，因为当我听到自己的自言自语时，我非常焦虑。 我总是选择简单的投篮，不去冒险。我发现自己只能完成简单的投篮，我不想去冒险，因为我很肯定这会让我的焦虑乐曲变成真的。

A：激发事件。
B：想法（焦虑乐曲）。
C：后果（感受和行为）。

整理，然后识别出太高、太轻或太多静电噪声的部分。音响师对音乐和歌词进行混音，重新配音，然后重新混音，直到声音流畅悦耳。这个过程完成时，音响师会进行最终剪辑，形成一首歌。这些步骤和你要学习的重新对你的焦虑乐曲混音的步骤是相似的。

学习改变你的焦虑乐曲需要一些技巧和练习。毕竟，它们已经播放了那么长时间。当你重新对你的焦虑乐曲混音时，使用一些你在本书里已经学会的方法对你是有帮助的，比如腹式呼吸法、渐进式肌肉放松法、可视化想象法。一旦你焦虑的身体平静下来，你就能更好地用下面介绍的这些能让你内心平静下来的方法，去重新对你的焦虑乐曲混音了。

方法一：列出支持和反对的证据（事实与看法）

第一个可以帮助你重新对焦虑乐曲混音的方法是分别列出支持和反对的证据。这个方法包括了解事实和看法之间的差异。事实是可以被判定为是真的还是假的，是对还是错。而看法，不能称之为真或假，对或错。有时，关于一件事的事实是真实的，但是你对这件事的看法有可能是有偏差的或夸大的。例如，有些青少年不像别的青少年考试成绩那么好，这是一个事实。可努力学习后仍然认为自己会考试不及格，这是一个看法。创建一个聪明想法列表有助于判定你的焦虑乐曲是事实还是看法，可以按照下面的步骤来进行：

1. 在一页纸的最上面，写下你的焦虑乐曲。
2. 接下来，在这页纸的中间画一条竖线，分割成两栏，然后在上面再画一条和这条竖线交叉的横线，形成一个大写的 T。这就是你的 T 表。
3. 在左边一栏的上方，写"支持的证据"，然后列上所有你能想出来的让你的焦虑乐曲是真的或正确的证据。
4. 在右边一栏的上方，写"反对的证据"，同时，列出所有你能想到的让你的焦虑乐曲是假的或不正确的证据。
5. 接下来，问自己三个问题：我认为会发生什么？什么时候可能会发生？更有可能发生什么？把你的想法写下来。
6. 现在，你觉得怎么样？你最先的焦虑乐曲是事实还是想法呢？如果是想法，重新对你的焦虑乐曲混音，让它只包含事实，以便你用更准确的方式去想事情。
7. 在 T 表的最下面，写下你重新混音后的新乐曲。

这个方法对于大多数风格的焦虑乐曲都有用。但是如果你很难想出那么多让你的乐曲是假的或不正确的证据（反对的证据），想象一下，如果是你的朋友想要一些证据来证明他的焦虑乐曲不是真的，你会怎么和他说。旁观者清，有时候当我们去评判别人的事情时，往往更容易看清楚也更容易保持客观。如果你在重新混音时还有困难，让父母或朋友来帮助你评估你的焦虑乐曲的正反两面吧。

评判某个特定事情的相关证据，就好比陪审团在达成裁决时，使用被告律师和原告律师所呈现的信息。在评估这些证据时，要小心不要把感受（和看法相似）和事实混淆。这就像对法官说："法官大人，我的委托人没罪，因为我觉得他从没有对你或对陪审团说谎。"这也像尽管艾丽很努力地学习了，她还是在数学测验中不及格。艾丽正确的说法应该是："我这次测验考砸了。"她出了错，没及格，这是事实。但是，如果艾丽这样说就不对了："我是一个差劲的学生，永远也学不好数学了。"这是一个看法，这是不正确的，会让艾丽感觉过于焦虑。看看"艾丽的聪明想法列表"，看她是如何评价她的焦虑乐曲并使用列出支持和反对的证据这个方法来重新对焦虑乐曲混音的。

方法二："责任披萨饼"法（重新归因）

第二个可以用来重新对焦虑乐曲混音的方法是"责任披萨饼"法。有时候，焦虑的青少年（成年人也一样）将过多的责任归于那些他们控制不了的事情。这些青少年因为要确保每件事都发展得很顺利而感到很大的压力。他们认为不管是什么情况，结果都应由他们100%负责。你可以想象，这会让他们大多数时候都感觉焦虑和急躁。幸运的是，"责任披萨饼"法可以帮助对你感到的责任进行重新归因（或重新分配）

艾丽的聪明想法列表

我的焦虑乐曲：我是一个差劲的学生，永远也学不好数学了。

让内心平静的方法：列出支持和反对的证据

支持的证据	反对的证据
我第一学期的考试不及格。我每周都要接受补习。	我第二学期的考试及格了，而且还得过 93 分的成绩。 补习老师说我对于教学内容掌握得很好。 接受补习并不代表我是差学生。 补习帮助我更好地理解数学，能让针对考试的学习变得更容易，也让我的考试成绩更好。

证据回顾：当我回顾我的证据时，我问自己："我认为会发生什么？"一开始我会想我是一个差劲的学生，因为我第一学期考试不及格，而且，我肯定这门课以后都会不及格。但是当我这样想："有多大可能我会真的不及格？"然后我意识到在我努力学习并接受补习之后，不太可能不及格。我意识到更可能的是我会通过这门课，并且至少拿到一个 C 或 B。

对焦虑的乐曲重新混音：当我第一学期考试不及格时，我陷入了一个艰难的开始，但是从那以后我就有进步了。我的补习老师告诉我对于教学内容我掌握得很好。即使我掌握得确实不太好，我这门课也不会不及格，因为我整体的成绩是 B。

到其他的因素中去。这会帮助你看到，结果并不是你一个人的责任。当事情不太顺利时，只承担一部分责任会让你感到不那么自责。要记住，"责任披萨饼"法对于"应该／必须"这种乐曲特别有效，尽管你也能把它用在任何你感觉自己有100%责任的焦虑乐曲上。

制作你自己的"责任披萨饼"，想一个让你感到焦虑的苦恼事情。现在，完成下面的步骤来创建你的聪明想法列表：

1.尽可能多地列出对这个烦人结果有贡献的因素（或如果事情还没发生，就列出会对结果产生影响的因素）。

2.顺着这个清单去估算每个因素对于结果的影响占多少或可能会占多少（按比例）。

3.现在，估算你认为你对于结果的作用有多大（按比例）。试着客观地看问题。

4.回顾所有的因素以及它们的责任占比。把这些比例和你占的比例相比。和其他所有的因素相比你的责任有多大？要确保全部比例相加是100%。

5.使用这个新的信息，写一首更准确的乐曲，里面要包含所有的因素而不仅仅是你自己。

看看黛茜的例子，了解一下怎么用"责任披萨饼"法来重新对你的焦虑乐曲进行混音。

方法三："时间机器"法（去灾难化）

"时间机器"法是另一个有效的可以让内心平静的方法。当"灾难化"的焦虑乐曲响起时，你就是把一件小事看成一个巨大的灾难。这个方法是通过让你看见未来，帮助你感觉不那么焦虑，时间可以为感觉提供一些视角。使用"时间机器"

黛茜的聪明想法列表

我的焦虑乐曲：我的朋友们玩得不尽兴，都怪我。

让内心平静的方法："责任披萨饼"法

影响因素	责任占比（比例）
天气不好	20%
玛丽爱发火	15%
电影不好看	30%
学习压力大，让我们都有些心不在焉	25%
我的责任	10%

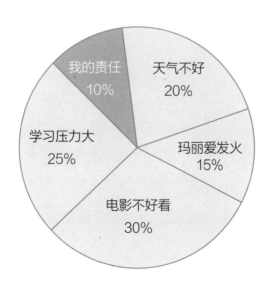

对焦虑的乐曲重新混音：朋友们玩得不尽兴，我只有一点点责任。有很多其他的因素影响了我们共处时间的质量。

法，考虑最近一件让你苦恼的事并完成下面的步骤。

1. 写下事件和你的焦虑乐曲。

2. 在下面一行，写："此时此刻，这件事有多重要？我的焦虑乐曲有多可信？"

3. 在接下来一行，写："一个小时后，这件事有多重要？我的焦虑乐曲有多可信？"

4. 再在接下来一行，写："一天后，这件事有多重要？我的焦虑乐曲有多可信？"

5. 接着往下写这些陈述，按下面的时间增量写：一个星期，一个月，一年，五年，然后是十年。

6. 使用下面的等级，为每个陈述打分。

1	完全不在意。
2	肯定不重要。
3	有一点重要。
4	还算重要。
5	重要，但不会改变生活。
6	重要，但我有更重要的事去做。
7	重要，我会很看重它。
8	非常重要。
9	非常非常重要。
10	据我所知，我的生活、我的世界都由它决定了。

7. 回顾一下你的评分。你对于现在、不久的将来和很久以后的评分有区别吗？如果你预计这个事件和你的焦虑乐曲在未来不会再产生影响或影响变小，就用这个新的视角来重新对你的焦虑乐曲混音吧。可以用下面这个模板：

即使＿＿＿＿＿＿＿＿＿＿＿＿＿＿＿＿（插入事件）让我这样想：＿＿＿＿＿＿＿＿＿＿＿＿＿＿＿＿（插入你的焦虑乐曲），随着时间的推移，它会变得没那么重要。事实上，在＿＿＿＿＿＿＿（插入正确的时间长度）之后它就不重要了，而在＿＿＿＿＿＿（插入正确的时间长度）之后我可能甚至都不记得这件事了。

看看下面敏的例子，可以帮助你了解她是怎么用"时间机器"法来重新对她的焦虑乐曲混音的。

敏的聪明想法列表

事件：我告诉亚当我特别爱写作业。

我的焦虑乐曲：我不敢相信自己说了那样的话。他一定认为我是个"奇葩"。

让内心平静的方法："时间机器"法

陈述	焦虑水平评分（1—10）
此时此刻，这件事有多重要？我的焦虑乐曲有多可信？	9
一个小时后，这件事有多重要？我的焦虑乐曲有多可信？	9
一天后，这件事有多重要？我的焦虑乐曲有多可信？	7
一个星期后，这件事有多重要？我的焦虑乐曲有多可信？	5
一个月后，这件事有多重要？我的焦虑乐曲有多可信？	3
一年后，这件事有多重要？我的焦虑乐曲有多可信？	2—3
五年后，这件事有多重要？我的焦虑乐曲有多可信？	1
十年后，这件事有多重要？我的焦虑乐曲有多可信？	1

对焦虑的乐曲重新混音：尽管告诉亚当我特别爱写作业让我觉得他认为我是一个"奇葩"，但是随着时间的推移，这件事会越来越不重要。事实上，一个月后它就几乎不再重要了，而在几年后我很可能已经把这件事忘了！

方法四："自信提升器"法（如何应对）

这是本章介绍的最后一个能让内心平静的方法。当你焦虑的内心在播放"灾难化"这样的乐曲时，你会觉得情况是难以忍受的，你是无法应对的。不过，很多焦虑的青少年都低估了他们处理问题的能力。如果让你害怕的情况发生了，"自信提升器"这个方法可以帮助你应对，它能让你对自己应对困难状况的能力更有自信。当你知道自己可以从容应对时，你就不会感到那么焦虑了。

使用这个方法，要完成下面的步骤。

1.把你担心会发生的不好的事写下来（这是你的焦虑乐曲）。

2.接下来，写下来如果这件不好的事真发生了，你可能采取的所有处理方法。想出尽可能多的方法。你是怎么想的？如果不好的事情发生了，你能够去应对，你是不是感觉稍微自信一些了？

3.最后，写一两句话来提醒自己，你可以应对不好的状况。

来看看博比是怎么使用"自信提升器"这个方法的。

我的焦虑乐曲：如果有同学嘲笑我，我会觉得特别丢脸，不知道怎么应对。

让内心平静的方法："自信提升器"法

如何应对？

记住，我之前也有觉得尴尬的时候，但总会过去的。

我可以和我的好朋友聊聊，他们会帮我轻松应对的。

我可以和我的老师说，让她帮我解决。不过我不想让她告诉别的同学，只要跟她说说，请她帮我解决这个问题就好。

对焦虑的乐曲重新混音：我可以做很多事来应对尴尬。我以前做到过，所以这次我也能应对。

聪明地思考，勇敢地行动

本章讲述了有害的焦虑性自言自语和焦虑的乐曲是如何引发你的焦虑感，并阻碍你去做你想做的事情的。此外，你学习了一些重新混音的方法来改变你的焦虑乐曲，你可以使用这些方法来帮你平复内心的焦虑，我们建议你坚持每天使用 A-B-C-D-E 记录表和让内心平静的方法，直到你可以对你不想要的焦虑乐曲重新混音。如何成为一个重新混音的专家呢？首先要把 A-B-C-D-E 记录表复制到一个笔记本、日记本或电脑里，然后把它放到一个你能随手拿到的地方，比如你的书包或课桌里。当有事情激起你的焦虑心理时，就使用这个记录表，填好 A、B 和 C 栏。然后只要有时间你就填 D 和 E 栏，可以每次用不同的让内心平静的方法来完成一个新的记录。在你把全部方法使用了几次之后，看看哪个方法对你最有效。可能每个都有效，或者其中一个方法在大多数情况下都能帮助你平复内心的焦虑。

这样经过几天的练习后，你会发现自己可以迅速抓住不想要的焦虑乐曲，甚至可以在头脑里就能完成 A-B-C-D-E 记录表了。这意味着你开始自动化地"聪明地思考"了。不过，聪明地思考还只是目标之一。另一个目标是改变你行为的方式。当你学会聪明地想问题，你就会觉得不那么焦虑了，可能就准备好了去尝试一些你之前所逃避的事情了。我们称之为"勇敢地行动"，也就是下一章要讲的内容。

我的 A-B-C-D-E 记录表

A	B	C	D	E

A：激发事件。

B：想法（焦虑乐曲）。

C：后果（感受和行为）。

D：导致焦虑的思维模式（焦虑乐曲的曲风）。

E：让内心平静的方法（重新混音的乐曲）。

第5章

怎样克服紧张和恐惧心理？

如果你习惯于逃避一些事情或场合，那么你可能有恐惧症。恐惧症是对某一特定对象、活动或场合的一种持久而过度的恐惧，让你想去回避这个对象、活动或场合。比如，艾丽躲避一种特定的东西——蜘蛛；博比拒绝参加聚会或在课堂上举手回答问题，因为他害怕别人会嘲笑他；敏不敢摸学校里的门把手和扶手栏杆，因为她害怕自己染上什么可怕的疾病；黛茜不去人多的房间或电梯，因为她害怕封闭的空间。还有克莱，尽管他并不回避特定的事情或活动，但他对自己的分数、体育成绩和未来却过分担忧了。克莱知道他自己的焦虑太多了，因为他比其他认识的人担忧得都多，而且每周持续的时间也很长。在他焦虑的高峰时，他开始考虑逃避或退出，比如不上大学或不参加篮球队选拔。

并非所有焦虑的人都会回避一些事情，但是如果你有回避的问题，那么，面对它则是克服恐惧的最有效方法。你可能会怀疑自己不能面对恐惧，觉得这似乎是一件不可能完成的任务。但是和其他很多任务一样，当你每次迈一小步时就能慢慢做到。在这一章里，你会学到如何制订你自己的"直面恐惧计划"，用来帮助你解决这些占用了你生活太多空间的大大小小的恐惧。我们会讲述直面恐惧而非回避恐惧的重要性，然后向你展示如何一次一小步地直面你的恐惧。

什么是习得性恐惧？

不管你相不相信，你的心里已经有固定的程序暗示你害怕什么，不怕什么。人们会害怕那些威胁他们生存的特定事物或场合，比如毒蛇、猛兽以及高处、黑暗，还有封闭的地方。我们把这些称作预设恐惧，意思是我们对某些东西有一种与生俱来的、固有的害怕倾向。人们对于不会威胁他们生存的事物，如小猫、棒棒糖、彩虹或灯泡等，一般不会害怕。

不过，即使是那些在我们心里没有被预设为害怕的东西，我们也有可能会对它们产生恐惧，这就是习得性恐惧。习得性恐惧有三种情况：通过个人的经验，通过观察，通过别人反复地警告。个人经验会教会我们很多。如果我们对某些事物有过不好的或可怕的经验，那么很可能我们会因此而产生恐惧。例如，经历了一次气流颠簸、可怕的乘飞机旅行之后，我们可能之后都会害怕坐飞机。当我们观察别人时，也会学到很多。如果我们看到别人害怕什么东西，我们可能也会害怕。例如，如果你看见你的父母在坐飞机时特别焦虑或害怕，即使你在坐飞机时从未遇到过不好的经历，你可能也会变得害怕坐飞机了。（恐惧有在家族中代代相传的趋势，可能是因为某个成员看见其他成员害怕也会跟着害怕。）还有一种情况就是有人反复地警告我们什么是危险的。例如，如果爸爸反复告诉他的孩子坐飞机是危险的，那么这个孩子就会害怕坐飞机了。

习得性恐惧确实会发生。举个例子：某天，你在回家的路上看到邻居家的大拉布拉多猎狗跑过来，冲你大叫。实际上，它并没有咬到你，但是它确实吓到你了。如果你特别害怕，你的内心就记住了："大拉布拉多猎狗意味着恐惧。"从那以后，你经常会想起邻居家的这只猎狗，然后开始感到焦虑。你不喜欢这种感受，因此你开始躲避邻居家的猎狗，你只是通过躲避来减少你的焦虑感。不久，你就开始躲避所有的拉布拉多猎狗，因为它们都会让你感觉有点焦虑。再然后，你就开始躲避所有的狗。直到你出现了真正的狗恐惧症。你焦虑的内心开始害怕狗，即使是那些安全的、友善的小狗。不管是哪种情况的习得性恐惧，你对狗的恐惧现在已经深深在心里了。不过，即使是很深的恐惧你也可以克服，而克服恐惧最好的方式就是一次一小步地直面恐惧。

为什么要直面恐惧？

不断回避让你害怕的场景或事物只会让你的恐惧感越来越强，慢慢地，你就不会有机会来挑战你的焦虑心理。回避还会阻碍你做那些你喜欢的事情，这会限制你的生活。想要克服恐惧，最好的办法就是有计划地一步一步地直接面对。

有些孩子可以自己找到办法，就像杰瑞·史宾尼利的书《失败者》里面的唐纳德·齐可夫。唐纳德是一个古怪但很非凡的孩子，他对地下室里的火炉非常害怕。某天，他决定克服他的恐惧并制订了一个计划。每天他都慢慢靠近火炉，一步一步地走到楼下，直到他可以和他的恐惧面对面。

即使像唐纳德这样有计划，直面恐惧也不容易。直面恐惧会对你要求很高，但同时也会给你丰厚的回报。首先，克服一种恐惧会带给你极大的自信。在你克服了自己的恐惧后，你一定会为自己感到自豪的，不仅是因为这一件事，而且对很多事情你都会变得更自信。你可能会觉得对于测验没那么焦虑了，和朋友们出去玩时感觉没那么焦虑了，上大学或找到你的第一份工作也没那么焦虑了。

其次，你会慢慢了解到恐惧会随着时间而消逝，在它消逝前你是可以应对的。这会为你争取时间，因为绝大多数的难事都是这样运作的，起初很艰难，但是如果你坚持一阵子，事情通常会变得容易起来。

最后，克服一种恐惧可以得到大家对你新的认识。你的父母、兄弟姐妹、朋友和老师会以新的眼光来看待你，他们会把你看作是一个"敢于承担"的人或一个对于困境有积极态度的人，这也会让你感觉很好。列出所有你想克服恐惧的理由，有助于让你进入"敢于承担"的模式。想想直面恐惧的长期回报而不是那些短期的不舒服，把这些理由写下来吧。

我列出了我能想到的我要克服对蜘蛛的恐惧的所有理由，比如："我想光着脚在屋里走。""我不想因为害怕蜘蛛会

爬到我身上而盖着厚厚的毯子睡觉。"但是最重要的理由是我想参加学校组织的旅游，而那里会有很多蜘蛛。

——艾丽，14岁

怎样直面恐惧？

正如我们在第4章所说的，你的焦虑心理会助长恐惧的力量，对你的生活产生更多的干扰。一般来说，有两种风格的焦虑乐曲，如果你害怕某个特定的场景或事物，那是因为你学会了在心里播放其中一种乐曲了。第一种风格是跳跃思维乐曲。记住，这种是在你获得所有事实之前，你的焦虑心理就已经跳到了可怕的结论那里。焦虑的青少年最经常下的可怕结论就是要发生不好的事情了。

第二种风格的焦虑乐曲是"灾难化"思维乐曲。这种是你的焦虑心理告诉你不好的事情不仅不好，而且还很可怕和危险，或者就是一个大灾难。你相信不管发生什么都会十分糟糕，而你根本就应付不了。

在本章的后面，你会学到如何制订自己的"直面恐惧计划"。这个计划有几部分，包括聪明想法列表和恐惧阶梯。首先，复习一下你在第4章学习过的让内心平静的方法，对焦虑的乐曲进行重新混音可以帮助你形成你自己的聪明想法列表。有效地对跳跃思维乐曲重新混音的方法是列出支持和反对的证据。这个方法的工作机制是提醒你事实和想法两者是不一样的。要记得，事实是有关事情的一部分证据。事实是可以判定为真实或虚假的，即对还是错。而想法，是我们看待事情的方式，是不能确定为真实或是虚假的，即对还是错。例如，黛茜认为如果她被困在一个停在两层楼间的电梯里她就会窒息。幸运的是，黛茜可以使用列出支持和反对的证据这个方法来对她的跳跃思维乐曲重新混音。

黛茜的聪明想法列表

我的焦虑乐曲：如果电梯卡住，我就会窒息的。

让内心平静的方法：列出支持和反对的证据

支持的证据	反对的证据
当电梯里人很多时，我觉得我喘不上气来。	电梯不是密闭的。 　　如果人们会在电梯里窒息，很可能会看到这个警示标志。 　　我已经问过我的一些朋友，他们都认为不可能会在电梯里窒息，他们都说："不可能。" 　　当电梯里面人很多时，里面的空气会变热，这会让我感觉我快要窒息了。但是我感觉没吸入足够的空气并不意味着我要窒息了。可能是表明我感到焦虑啦！

对焦虑的乐曲重新混音：电梯不是密闭的，因此里面的空气是流通的。当我感到焦虑时，我感觉我要窒息了，但实际上，我只是没吸入足够的空气。没有人在电梯里窒息，如果有，我会听说的！

　　另一个帮助你能对"灾难化"思维乐曲重新混音的方法就是"自信提升器"法。记住，这种方法是要将焦点放在你可以应对的某个情况，而不是告诉自己你不能应对或者这个情况你承受不了或很可怕。在第4章里，博比的焦虑内心在播放的就是"灾难化"思维的乐曲。他认定如果他回答不对问题，班上所有同学都会嘲笑他。博比意识到可能只会有少数同学嘲笑他，他相信如果这真的发生了，他也能应对。他用"自信提升器"法对他的焦虑乐曲重新混音，然后他想到了："我可以做很多事来应对尴尬。我以前做到过，所以这次我也能应对。"

要在这章的最后完成你自己的聪明想法列表，只需要把你的焦虑乐曲写下来。在左边的一栏里，写出让内心平静的方法，然后在右边的那一栏写上你重新混音后的新乐曲。你可能会注意到自己在准备面对一种特定的恐惧时，你可以用列出支持和反对的证据以及"自信提升器"法这两种方法来处理很多焦虑的乐曲。不过，"责任披萨饼"法和"时间机器"法这两种方法也是可以有效对焦虑的乐曲重新混音的。

创建恐惧阶梯

在你的直面恐惧计划里很大一部分是要创建一个恐惧阶梯。顾名思义，恐惧阶梯是一组让你感到焦虑的状况，阶梯下面的几级会让你有轻微的焦虑，而最上面的几级会让你感到最焦虑。这个计划可以帮助你在爬这个梯子时一步一步慢慢地直面你的恐惧。对于那些回避社交场合的青少年，比如害怕在公共场合发言、参加聚会、用公共卫生间或参加考试，最有效的方法是直接面对恐惧。这对于克服对特定场所的恐惧也很有效。如果你有惊恐障碍和广场恐惧症，你可能会避免去商场、餐馆、公交车站或地铁里。如果你回避特定的东西，如狗、针、虫子或细菌，那么每次一小步地面对你的恐惧也是有帮助的。

分解恐惧

想要逐级打破这个恐惧阶梯，要从分解恐惧开始。首先，想一想你可以改变处境或让它不那么可怕的不同方法。例如，你离那个让你害怕的东西或场合的距离可能会影响你的焦虑程度。如果你怕高，在高楼上，站在离窗户不到1米的地方可能就比站在1.5米的地方要更可怕，或站在梯子的最上面一级要比站在下面一级更可怕。另一个能影响焦虑程度的方法是想一下你能在那个场合里待多长时间。例如，如果你害怕封闭的空间，站在一个密闭的地方2分钟可能要比站在里面10分钟要容易些。有时候，东西的大小也会影响你的害怕程度。一条大狗可能会比一条小狗更可怕，或一个大针要比小针更可怕。

除了分解你的恐惧，清晰而具体地描述这个梯子上的每一级恐惧也很重要。如果你不能清晰地描述你要做什么，你可能就做不了。你的描述越具体，你的焦虑会越少，你对于自己能去爬这个梯子就会越自信。比如，"去看一只被狗链拴着的狗，它和我之间的距离差不多2米"这样的描述就要比"去看一只狗"这样的描述更清晰和更具体。后面这个描述是非常吓人的，因为你不知道去看的那只狗是在你对面停车场很远的地方还是卧在你腿边的地方。当艾丽创建她的恐惧阶梯时，她把自己的恐惧分解成了可控的级别，并给每级打了分（0分＝没有焦虑或恐惧，10分＝最严重的焦虑或恐惧）。

当你创建自己的恐惧阶梯时，试着让这个恐惧阶梯至少有8到12级。这个阶梯也可能会多达20级，但这会让你觉得太多而难以处理。同样，少于8级可能会让你的恐惧阶梯很困难，因为没有足够多的轻度焦虑分级。

而且，创建的阶梯要按情形一级一级来，从低级（轻度焦虑）逐渐到最高级（最焦虑）。如果你创建的恐惧阶梯只有最高级，那里都是你害怕的情形，你可能就不是爬梯子了，因为你要直接跳到梯子的最上面。分步去直面恐惧这个过程的好处就是从低的分级开始来逐步树立你的信心。这些相对低的分级不会过于恐怖，正因如此，你成功的可能性就大。

在创建你的恐惧阶梯时，要记得真实的危险和觉知的危险两者是不同的，觉知的危险是指我们认为某物是危险的而实际上并不是。你需要处理的是觉知的危险。例如，艾丽要通过直面长腿蜘蛛来面对她的恐惧，而实际上长腿蜘蛛本身是无害的；敏要通过摸厨房的灶台来直面她对生病的恐惧，厨房灶台是有点脏，不过也是安全的。同样，一个人想要克服他对狗的恐惧，首先应面对的是那些他见过的、很友善、从来不咬人的狗，而不是那些他从没见过的、会咬人的狗。

要创建你自己的恐惧阶梯，可以按下面的步骤：

1. 决定你要直面的是哪种恐惧，把它写下来。

2. 确保你的计划里要面对的是安全的。（可以询问朋友或你的父母，他们是否认为这个情形是安全的。）

3. 列8到12个和你的恐惧相关的情形。把它们写成情境和步骤列表，试着包括所有的步骤，从极其可怕和困难到有点可怕和不难面对，最可怕的情境写在最上面，最不可怕的写在最下面。

4.接下来，在恐惧评分的那一栏进行评分，看看你会觉得有多可怕（0分＝没有焦虑或恐惧，10分＝最严重的焦虑或恐惧）。

通过想象来面对恐惧

艾丽根据一个真实的生活情形创建了一个恐惧阶梯。你也可以根据想象的情形来创建恐惧阶梯。你可能会想："这有什么意义？想象一个让我害怕的东西并不会让我感到焦虑。"确实如此。然而这正是面对恐惧的方式有用的原因之一。想象让你感到害怕的事物或场景是一种很好的热身，可以在你面对恐惧前为你做些准备。对于一些青少年而言，想象恐惧对他们的帮助很大，这样他们就不需要花大量的时间去直接面对恐惧了。此外，很多时候，你所想象的远比真实的事物还可怕。

想象还可以在你没看到那个让你害怕的事物或没进入那个让你害怕的场景时先降低你的焦虑感。你对乘飞机、坐电梯或蜘蛛的恐惧来自你对这些事物或场景的想法或你想象可能发生的事，我们称之为预期性焦虑。很多青少年在发表演讲或去看牙医前会担心几个小时或几天。想象可以减少你对这些事的焦虑和担忧。

通过想象来面对恐惧的最后一个原因是，想象可能是一个可以让你进入那个场景的方式。一些青少年害怕的是那些无法直接面对或如果直接面对是不安全的东西和场合。例如，

艾丽的恐惧阶梯

直面我对长腿蜘蛛的恐惧。

情境	恐惧评分（0—10）
让长腿蜘蛛爬到我肩膀上。	10
让长腿蜘蛛爬上我的胳膊。	9
用手掌托着长腿蜘蛛，尽我所能坚持一些时间。	8.5
快速地摸一下长腿蜘蛛。	7
让我妈妈拿着一个封好的玻璃罐子，我隔着玻璃罐子去摸长腿蜘蛛。	6
让我妈妈拿着一个封好的玻璃罐子，我去看里面的长腿蜘蛛。	5.5
在网上找一个长腿蜘蛛爬来爬去的视频片段，我去看。	5
拿着一个长脚蜘蛛的图片，我去摸图片上蜘蛛的头。	4
让我妈妈拿着图片，我去摸图片上的长腿蜘蛛。	3
让我妈妈拿着图片，我去看图片上长腿蜘蛛的头。	2
让我妈妈拿着图片，我去看图片上的长腿蜘蛛。	1

对于艾丽来说，关于蜘蛛最可怕的是蜘蛛咬她，然后她会觉得剧痛，而这种痛永远也好不了。要通过去做这件事来克服她这个恐惧，艾丽就得让蜘蛛真去咬她。这既不安全，也没必要，因为艾丽可以去想象。同样，博比可以想象班上所有同学都会嘲笑他。但他不需要在现实中真这么做。要让所有同学都嘲笑他，博比可能就要做些荒唐的事，而这可能会让他惹上大麻烦。这虽然不危险，但实在没有必要。此外，青少年可以直接面对一些情形，但因为往往没那么频繁而不能起到克服恐惧的作用。坐飞机就是个很好的例子。大多数青少年并没有机会通过经常坐飞机来克服对飞行的恐惧，因此如果不用想象，他们是无法完全克服这种恐惧的。

你可以按照创建恐惧阶梯的步骤，像创建实际行动的恐惧阶梯那样去创建想象的恐惧阶梯。或者你可以使用卡片或活页纸来记录你是如何应对某个情境的。

从可以让你有较低程度焦虑的想象情境开始，一路向上直到那些让你有更高程度或极其焦虑的情境。当你在头脑中创造出这些景象时，下一步是把它们写在纸上，然后对它们进行恐惧的评分。当你详细地描写场景中的每个部分时，写下来每个想象情境就有点像写电影剧本。调用五官来描述，会帮助你集中精力去想象。

我在创建自己的恐惧阶梯时，用的是索引卡片。在每张卡片上，我写出在不同的人多的地方我会感到的恐惧，然后把这些卡片从最不害怕到最害怕排列，给它们按照害怕的程

度从 0 到 10 编上号。这些真的会让我觉得去商场不那么可怕了。我可以看见自己对于直面恐惧的计划。

——黛茜，17 岁

最后一步是记录这些情境。你可以把它写下来，读给自己听，或让别人帮你读，你也可以用一个老式的录音机或电子录音设备来描述这些情境。下面是博比的记录。他给这个恐惧编号为 8。

我在数学课上听老师讲课。那天很暖和，我有点儿出汗。我能听见远处割草机的声音，闻到刚割完的草的味道。老师问了一个问题，我觉得自己知道答案，尽管我还不太肯定。我决定回答这个问题，就举起了手。当我这么做时，有些同学开始笑起来。我甚至还没说任何话，我能听见他们在笑。我开始感到紧张，开始出更多的汗。我口干舌燥，觉得呼吸困难。我放下了手，头耷拉下来。我无法看其他同学。我听见老师让他们安静，但他们还在笑。我觉得特别难受。我有生以来从来没感觉这么尴尬，我却不能离开。我僵在座位上，等着它过去，但有同学一直笑啊笑，总也不停。

——博比，15 岁

制订直面恐惧计划

现在是时候把这些直面恐惧的计划包含的不同部分放在一起了。这个计划有三个部分。第一部分是你计划要面对的情形。这来自你的恐惧阶梯，你要把它写在"我今天要面对的恐惧"的下面一行，同时写上日期。接下来是第二部分，你要把你在聪明想法列表上记下来的重新混音的乐曲写在这里。第三部分是恐惧温度计，我们很快就会讲到这部分，恐惧温度计是当你通过行动或想象直面你的恐惧时，用来监控你的焦虑水平的一种方法。

怎样实施直面恐惧计划？

一旦你有了自己的直面恐惧计划，你就已经为最困难的部分做好了准备，那就是直面你的恐惧。你要从你的恐惧阶梯的最低一级开始，先面对会引发最小焦虑的情形。重要的是要有方法来监控你的焦虑水平，这样你就能看到自己的焦虑水平随时间在下降。你可以使用恐惧温度计来记录每次当你面对自己的恐惧时你有多焦虑，0是平静和冷静，10是你所能想象的最焦虑或害怕的程度。根据你每次面对恐惧时所达到的最高的焦虑程度，把恐惧温度计上相应的数字圈起来。你的计划可能意味着你要在所列的"我今天要面对的恐惧"这一部分多次直面你的恐惧。

在你开始面对自己的恐惧之前，读一读你的聪明想法列表。在开始前自言自语地重复几遍这些话，最好是让你的爸爸妈妈（或好朋友）在你直面恐惧前和你一起练习几分钟。你们可以一起这样玩，你来扮演自己冷静的心理，播放重新混音的乐曲，而让他们扮演你的焦虑心理，播放你的焦虑乐曲。反复做几次，直到你确信自己对这些已经烂熟于胸，你觉得自己准备好了，可以开始了。

尽管在开始直面恐惧时，你预期自己会感到轻到中度的焦虑，有些青少年发现他们的焦虑水平上升使他们无法开始。如果你也遇到这种情况，考虑使用本书里介绍的其他应对方法，比如做深呼吸或在你的头脑中想象一个平静的场景。或者，重新看看你的恐惧阶梯。也许你决定从阶梯的中间位置开始，开始觉得简单，但当你面对它时发现比你想象的要难。记住，重要的是从靠近阶梯的底部开始，然后向上往顶部爬。

　　现在，直面你的恐惧吧。当你开始直面恐惧时，重要的是要待在那个情境里，同时每2到5分钟记录你的恐惧温度计。例如，艾丽从浏览一本关于蜘蛛的书开始来面对她的恐惧。她决定每次看这本书时她就记录一次恐惧温度计。在看图片时，她每2分钟把自己的恐惧记录在恐惧温度计上，直到她的恐惧为0或1。这差不多要花30分钟。但是如果你需要花的时间更长，可以做久些。对你来说最重要的是，一直到你的焦虑水平降到0或1。现在来看看本章最后部分介绍的"克莱的直面恐惧计划"，看他是如何做的。

　　如果你还想要看其他青少年的直面恐惧计划，可以查看本书最后的附加资源部分。不过，你的计划很可能不一样，因为没有两个人是一样的，也没有两种恐惧是相同的。如果你要开始面对你的恐惧，你可以充分利用你的每一次尝试。我们希望你每次都成功。

直面恐惧的六个原则

　　你可能会认为你已经尝试面对你的恐惧了，然而并没什么用处。博比一开始也这样认为："面对我的恐惧对我没用。我的妈妈和爸爸让我过节时去一个大家庭的聚会。我必须待在那里，但我全程都觉得焦虑和痛苦。"在这个例子里，博比的妈妈和爸爸强迫他去参加聚会。人们强迫你去面对你的恐惧和你自己计划去面对是不一样的，当你计划去面对时，你是从阶梯的低级开始，重复练习，直到你感觉不到焦虑或只有一点儿焦虑。面对你的恐惧时，按照下面的六个原则可以让每次尝试都发挥最大功效：

- 分步骤做；
- 坚持做直到恐惧消失；
- 经常做；
- 要做得彻底；
- 要聪明地做；
- 在别人的帮助下做。

分步骤做。要想每次都成功，最好的方法是把你的恐惧分解成不同的级别。当你把自己的恐惧分解为你的恐惧阶梯上的不同等级时，你会感觉不那么焦虑了，因为你可以看到全局。你可能认为当你有恐惧症时，你的恐惧就像是灯的开关一样，打开时你就焦虑，关掉时你就不焦虑。而事实上，恐惧更像一个调光开关，上面有很多小挡位，从感觉有一点儿焦虑到感觉很焦虑有不同的焦虑水平。一旦你知道了可以分步来做，面对恐惧就没那么可怕了，因为你会更有信心，你可以一次一步地沿途走下来。

坚持做直到恐惧消失。 与恐惧在一起，待在那个情形下直到你的恐惧有所下降。通常不会超过 60 分钟，但是有时花的时间会长些。重要的是你可以在足够长的时间里去直面你的恐惧，这样你就知道不论你担忧的是什么，都极少或从来不会发生，焦虑出现时你能尽可能长时间地去应对它。每隔几分钟就检查你的焦虑水平。当你的恐惧是 0 或 1 时，你就可以停下来了，但是在那之前不要停。

经常做。 每周至少练习直面你的恐惧四五次，每周至少有一天休息一下来奖励你自己付出的努力。每次练习时，在你进入下一步前，从你上一次中断的地方开始。这是你的热身步骤。记住，即使是在做热身时，你可能也会觉得比前一天更焦虑了。这没关系。就停在那一步直到焦虑消失，之后你就准备好尝试下一步了。

要做得彻底。 直面恐惧并不好玩。你预计自己会觉得焦虑，不过当你去做的时候，你就会知道自己已经在克服恐惧的正确道路上了。因为你感觉焦虑，你可能就会禁不住去抵抗这种感受或做些事情来让自己减少焦虑感。要让每次尝试都发挥最大的功效，要和焦虑待在一起而不要试着将它推开。在你练习时，不要把注意力从你的焦虑感受上移开，也不要做一些小动作来缓解你的恐惧（比如，为克制自己老洗手而把手在裤子上蹭来蹭去，和别人说话时盯着自己的脚而不是看着对方的眼睛）。完完全全地去接受冒险，不管它有多小。

要聪明地做。在每次练习之前，再看一遍你的聪明想法列表。这能提醒你的焦虑内心要去聪明地想问题。然后看看真的发生了什么事，而不要盯着你的焦虑内心害怕发生什么。这会帮助你的焦虑心理抛开它所害怕的东西。

在别人的帮助下做。最后，你可能想让某个人在你面对恐惧时来帮助你。找一个让你觉得安心的人，这个人不会逼迫你在原有的步骤上迈更大的步。当你感到焦虑和不确定时，一点点的支持和鼓励帮助都很大。记住，每次练习后都奖励自己一下。列一个奖励的清单（下载歌曲、吃冰激凌、和家人出去旅行），然后和父母商量一下，他们可能也会有其他建议。在你执行自己的计划时记得奖励自己。这是坚持计划的最好方式。

用勇气战胜恐惧

现在你已经开始面对自己的恐惧了。不过，在你开始之前，我们想简单说一下勇气。有些青少年认为勇气指的是不会感到害怕，而这远非真相。勇气是指在你感到害怕时仍能去应对让你害怕的东西。管理焦虑，特别是面对你的恐惧时，就真的是勇气，在这本书里你已经了解了很多内容可以帮助你更有勇气地行动。尽管你会感到焦虑，你会担心，但是，如果你每次一小步地去面对恐惧，你最终会成功。这样成功的案例我们见过很多。祝你好运！

克莱的直面恐惧计划

今天的日期：7月15日

我今天要面对的恐惧：准备数学考试，我可以少学30分钟。

我的焦虑乐曲：我的数学考试会不及格。

聪明想法列表

让内心平静的方法	对焦虑的乐曲重新混音
列出支持和反对的证据	我数学学得好，而且已经花了很多的时间来学习了。少学30分钟对我的成绩不会有太大影响。 即使这次的数学考试我考不好，也不是世界末日。
"自信提升器"法	如果我的数学考试不及格是因为我少学了30分钟，那么我能处理这种情况。 我不需要每次考试都得满分。

对焦虑的乐曲重新混音：不管我学多长时间，我总能通过数学考试。我不需要每次考试都得满分。

恐惧阶梯

情境与步骤	恐惧评分（0—10）
比平常准备数学考试少学30分钟。	8
比平常准备数学考试少学25分钟。	7
比平常准备数学考试少学20分钟。	6
比平常准备数学考试少学15分钟。	5
比平常准备数学考试少学10分钟。	4
比平常准备数学考试少学8分钟。	3
比平常准备数学考试少学5分钟。	2
比平常准备数学考试少学3分钟。	1

克莱的恐惧温度计

我的直面恐惧计划

今天的日期：_____

我今天要面对的恐惧：_____

_____

我的焦虑乐曲：_____

_____

聪明想法列表

让内心平静的方法	对焦虑的乐曲重新混音

对焦虑的乐曲重新混音：_____

_____

_____

恐惧阶梯

情境与步骤	恐惧评分（0—10）

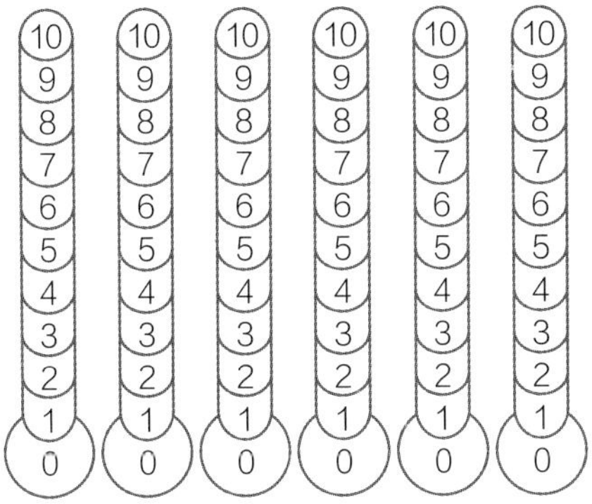

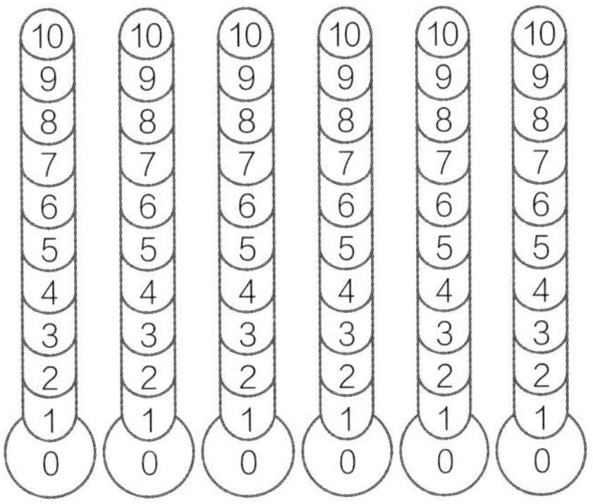

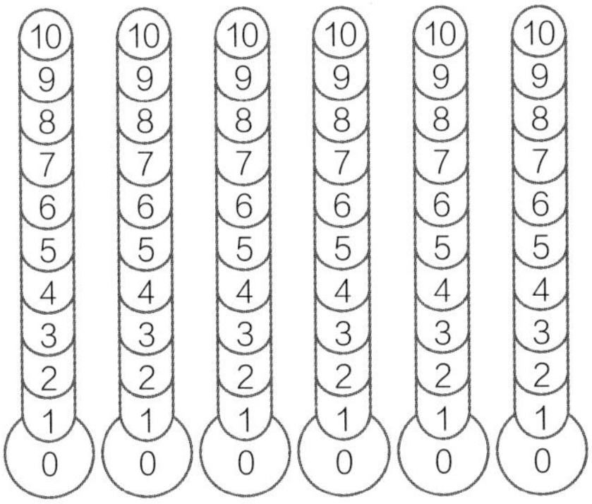

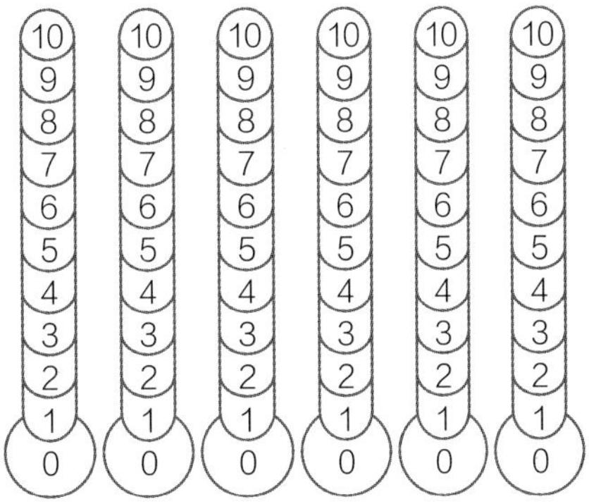

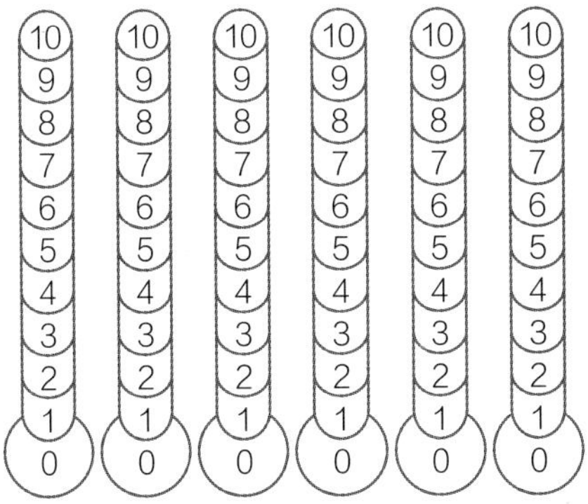

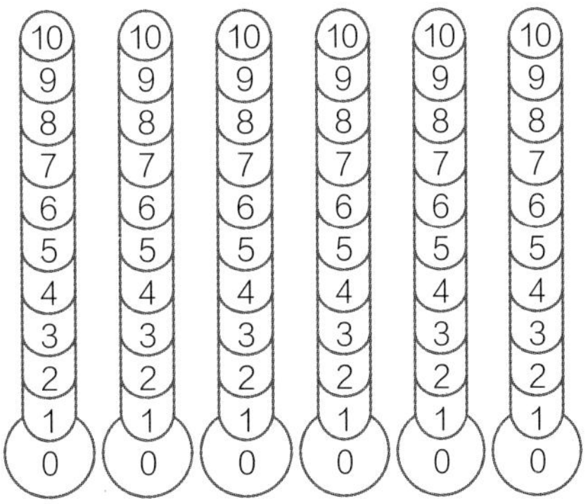

第6章
如何应对急性焦虑症？

你可能知道激流或离岸流，它们是离岸边很近，靠近水面的很强大的水流。离岸流会把你拉到海里面。通常如果人们不是通过直接往岸上游来对抗它，是不会淹死的。如果你去对抗它，你会很累，因为离岸流比你要强大得多。一旦你体力耗尽，就会沉到水下（不是被拉下去的）。因此，对抗离岸流不是个明智的做法，那该怎么做呢？救生员会告诉你，当离岸流缠住你时你应该放松，因为这样可以让你自己轻易地漂浮着，狗刨一会儿，仰泳一会儿，踩一会儿水，然后等着。离岸流不会把你往下拉（它只会把你往外拉一点儿），因此只要你漂着就是安全的。很快这股水流就会消失，你就能自由地游回岸上了。

惊恐也是这样。我们不建议让你去对抗你的惊恐，也不建议让你忽视它或什么都不做。最好的做法就是"漂着"。对你来说，这章的目标就是学习当惊恐发作（即急性焦虑症）

时怎么去觉察它要出现的迹象以及该做些什么。我们会介绍一些影响焦虑体验的常见特征以及现有的一些策略来帮助青少年熬过惊恐发作。

恐惧和惊恐有什么不同？

人类有恐惧，动物也有恐惧。恐惧是对危险的自然反应。你可能已经了解到战或逃反应，它意味着在一个威胁生命安全的情形下，你为战斗或逃跑所做的瞬间的本能准备。心跳加快，你会变得非常警惕，你身上的肌肉做好了准备，准备随时有所行动。在野生环境下，当动物遇到捕食者时，恐惧可以保护它们，可以让它们在有可能逃脱的时候摆脱危险，或在不得不战斗时去保护自己。如果你走在人行道上，看到有人骑着自行车朝你直冲过来，你会赶紧避开，在这个情形中，是你的恐惧保护你免被自行车撞到甚至撞伤。不过，在你有恐惧的反应而周围并没有真实的危险或威胁生命安全的情况时，这就叫惊恐了。

惊恐或惊恐发作是一波好像突然不知从哪来的恐惧，但感受非常真实。基本上，惊恐发作是一种毫无作用的恐惧反应。在惊恐发作期间，你的心跳会非常快，你会出汗，感觉头晕，喘不上气来。有时你会感到自己快要窒息了或你可能会颤抖。而在身体感到焦虑的同时，你的心理也发出了警报。你可能会认为自己要发疯了，或你会"失去理智"，到处乱跑，大喊大叫。最重要的是，你想要离开，离开教室，离开电梯，离开飞机。你的焦虑行为就是逃跑。但是为什么呢？为什么你会觉得惊恐？为什么你的心理在一开始要发出警报呢？

内心跳跃到惊恐的六种焦虑想法

当你出现惊恐时，你的焦虑心理和身体是在发出警报，警告一些不好的事情或危险正发生在你身上。但事实并非如此，惊恐发作一点儿也不危险。更令人惊讶的是，惊恐发作只不过是一个发生在错误的时间或情境中的自然反应。由于出现这些强烈的身体感觉时其实并没有真的危险，你的内心会虚构或立即找一些原因让你的焦虑心理似乎可以说得通。我们把这些叫作你的内心跳跃到了惊恐。在你处于惊恐状态时，实际上是在播放焦虑的乐曲（还记得第4章里的A-B-C模型吗？）。下面有六种常见的可以引起青少年的内心跳跃到惊恐的焦虑想法。

- 我犯心脏病了。
- 我要晕倒了或我要昏过去了。
- 我要停止呼吸了或我要窒息了。
- 我要摔倒了或我不能走路了。
- 我要发疯了。
- 我要失控了。

我犯心脏病了。当你出现惊恐发作时，你的心脏开始跳得非常快。如果你是在跑道上冲刺，那没关系，你会这么想："我的心脏当然跳得很快，因为我正在拼命往前跑。"也可能你都不会注意到。但是，当你的心脏跳得很快，而你又想不出什么合理的理由时，你的内心可能就会跳出这样的想法："我犯心脏病了。"

尽管心脏跳得很快很吓人，但是这并不危险，特别是在身体健康时。健康的心脏可以一直很快地跳好几个小时也不会出任何问题。在惊恐发作期间，你可能会觉得自己的心脏漏跳或多跳了一两下，或者你会觉得你的左上方胸部有些疼，但很快就过去了。而且，当你快速活动或运动时这些症状并不会加重。这和心脏病发作是不一样的。在心脏病真的发作时，胸部中央会出现压榨性疼痛，在运动时这种疼痛会加剧，而且不会消失。在心脏病发作期间，心脏可能会加速猛跳，但是通常发生在疼痛开始之后。这和惊恐发作是很不一样的，惊恐发作时，你的心脏猛跳，快速泵血，因为你的身体在为战斗或逃跑做准备。

我永远也不会忘记我的第一次惊恐发作。当它袭击我时，我正在房间里看电视。我开始出汗，心跳得非常快。我觉得我是心脏病发作了，我大声喊我的妈妈和爸爸。接下来的几个小时我待在急诊室。医生把我连在一大堆机器上，一遍一遍地检查我的心脏。当他们说我没问题时，我不敢相信。那是去年，现在回忆起来，我发现我当时真的很傻，但是当它发生时，我真的很害怕。我认定我那时就是犯心脏病了。

——黛茜，17 岁

我要晕倒了或我要昏过去了。 有些青少年在惊恐发作时感觉头重脚轻或头晕。如果当你突然起身时觉得头晕，你心里会这么想："我起得太猛了。"但是当这发生在惊恐发作

时，你的内心可能会跳出这样的念头："我要晕倒了。""我要昏过去了。"

你觉得头晕是因为进入你大脑的血液少了一点儿，反之，这些血液进到了你的肌肉里，做好了战斗或逃跑的准备。尽管你可能觉得自己要晕倒了，但这不太可能发生。为什么呢？因为你害怕会导致你的心脏泵血比平时更难，而这又会增加你的血压。当我们的血压突然下降时更可能会晕倒，这并不是当时真正发生的。因此，只要你的心脏还是那样怦怦在跳，你就不会晕倒。这个例子可以很好地说明我们的身体是多么的复杂。（当然了，每个规律都会有例外，有些青少年确实可能会晕倒。比如，有晕血症的青少年可能在看到血时真的会晕倒。）

我要停止呼吸了或我要窒息了。有些青少年觉得当惊恐发作时他们会呼吸困难，感觉胸部发紧发沉，使劲喘气以把更多的空气吸入肺里。当你焦虑时，你的脖子和胸部的肌肉就像身体其他部位的肌肉一样，是紧绷的，而这会让呼吸更加困难。当你呼吸更困难时，你的内心可能会跳出这样的念头："我要停止呼吸了。""我要窒息了。"

这其实讲不通。当惊恐发作时你并不会停止呼吸。你的大脑的内置反射知道怎么照顾你。如果你停止呼吸，你的大脑会迫使你呼吸的，就像你憋着不喘气太长时间时，大脑会让你呼吸的。在惊恐发作时，你会得到大量的氧气。即使假如你昏过去了（这不太可能），你也会立刻开始呼吸然后醒过来。现在，我们并不是说像窒息或呼吸困难这种感觉是舒服的，因为它确实不是。不过，它并不危险。

我要摔倒了或我不能走路了。有时候，在惊恐发作时，你的腿可能会发抖，可能你觉得"膝盖没劲儿"，走不了路了。当发生这种情况时，你的焦虑内心可能跳出这样的念头："我要摔倒了。""我不能走路了。"如果你担心自己会摔倒或走不了路，人们会觉得你怪异，你会觉得这很丢脸，你会更加害怕。同样，你的焦虑内心已经跳出了一个可怕的念头，但是你的腿很强壮，只要你愿意它们会带你去你想去的地方。

在惊恐发作时，你腿部的血管会有一点儿扩张，这会引起血液在你的腿部肌肉里瘀积，没有充分循环。这虽不危险但确实会让你感觉自己的双腿无力且沉重。发抖和发软会过去的，如果你已经有过几次惊恐发作，你可能就会知道这一点了。你摔倒了吗？没有。花一分钟想一想。惊恐发作是恐惧反应出现的一种障碍，对吗？如果有一个真实的危险存在，你的身体就会做出反应，让你快速脱离危险。

我要发疯了。有些青少年在惊恐发作时，感觉到失去了辨别力或失去了和周围事物的联系。他们说感觉非常奇怪，不知道是怎么回事。在惊恐发作时，你会出现一些相当奇怪的感觉，如果你以前从来没有这种感受，你的内心会跳出这样的念头："我要发疯了。"

在惊恐发作时，由于你的身体已经决定了要把血液引向身体的其他部位，比如在遇到危险时保护自己或逃跑时你要用到的大肌肉，因此供到你大脑的血液会减少。这会让你有奇怪的感觉或精神恍惚，但是这并不意味着你要发疯，不管当时你感觉是多么奇怪。事实上，没有人真的会突然发疯。精神障碍往往是经过很多年慢慢发展的，惊恐发作不会引发精神障碍。虽然惊恐发作很可怕，但是不会导致青少年发疯。

我要失控了。在惊恐发作时，你会有一些很强烈的身体感受，很容易想象你的身体要失控了。当你的内心跳出这样的念头："我要失控了。"这真正意味着什么呢？有些青少年认为这意味着他们要做出一些行为，比如跑来跑去，恐惧地大喊大叫；有些青少年认为这意味着他们会说出或做出一些丢脸的事，即使不像跑来跑去和大喊大叫这么夸张，也仍是丢脸的。

如果在惊恐发作时你想要跳起来或者跑开，这并不意味着你要失控了。它表明你的心理和身体正关注于一件事：让自己远离危险。而这正是当有真正的危险时，你希望你的心理和身体去做的。此外，逃离危险和失控是不一样的。青少年只是想要离开这个情境，并不是真的失控。

那么，你的内心跳跃到的惊恐是什么呢？花几分钟想一想把你推向惊恐的你自己的焦虑想法。

惊恐波浪的形成

尽管很多青少年认为惊恐发作会突然莫名其妙地发生，但其实它们是一点一点慢慢像波浪那样累积起来的。就像你了解的那样，焦虑的想法能引发惊恐波浪的波峰。不过，就像风、潮汐和水下的深度，其他事情也会影响波浪和波峰的速度和强度，这和惊恐波浪是一样的。看看下面的图。让我们从你的身体开始，它在你的惊恐波浪中发挥重要作用。如果你的学业、你的朋友或你的家庭已经给你造成压力有一阵子了，你的身体很可能会变得越来越紧张。紧张的身体是惊恐波浪累积的第一个信号。另外，从常规的身体感受跳跃到开始播放你的焦虑乐曲也很常见。这是因为当你的内心跳跃到惊恐时，总是从身体的一些变化或不安开始的。比方说你呼吸困难是因为你感冒了或你的过敏发作了，你的内心可能会从鼻子不通气跳到一个可怕的设想，那就是你要窒息了。此外，当你为出现惊恐发作而担忧时，你的身体会变得越来越紧张。这种增加的紧张感，不论是否是因为当下的压力还是对惊恐发作的担忧，都会慢慢地累积惊恐波浪，比如一小时一小时、一天一天，甚至是一周一周。

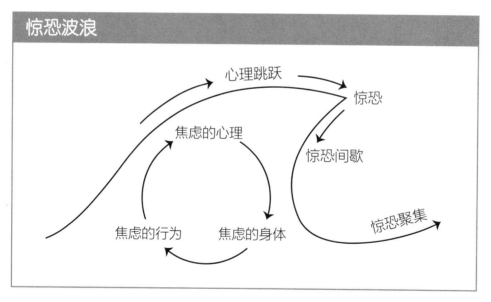

另一个对惊恐波浪有影响的因素是你的注意力，也就是当你对要出现惊恐发作感到紧张或焦虑时，你的注意力在哪里。正如你之前了解的，当你认为危险即将来临时，你开始搜索危险。而说到惊恐，由于你的心理跳跃到了你身体出现的状况，你往往会把注意力放在你身体的任何细微变化上。即使当你在学习或投篮时，你焦虑心理的一部分也在关注你的身体，看看有没有危险的信号："我的呼吸正常吗？我是不是出现了喘气的问题？""我的心跳还好吗？是不是有漏跳？"你的注意力把惊恐波浪推到了前面，这是因为你不断地寻找危险，而通常你找到的东西并不正确，甚至它们其实并不危险。正如你在这章前面所了解的，你的焦虑心理在这个过程中也起着很重要的作用。你的焦虑心理一直有点担心你的身体是受控制的还是失控的，或身体感受是否和刚才有点不一样，这可能意味着你就要出现另一次惊恐发作了。你的焦虑心理总是担心你的身体，担忧是不是又一次惊恐发作要来了。就像你猜想的那样，这种担忧会引发你的身体变得更加紧张和焦虑。很快，你就会开始注意到一些可能是因为身体紧张而出现的身体感受。你会认为事情变得不对了，你的焦虑心理就跳跃到了惊恐（如"我犯心脏病了。"）。心理跳跃到惊恐发生在一瞬间。而惊恐波浪，会在几小时或几天里聚集。

惊恐波浪循环

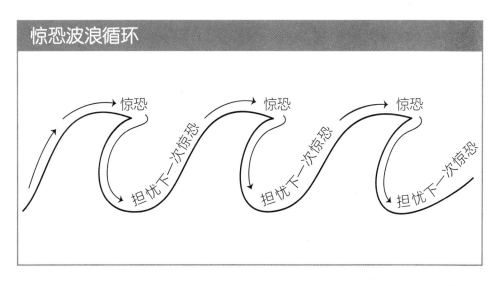

不要与惊恐波浪抗争

就像我们已经说过的，当你的焦虑心理跳跃到了惊恐，你可能会认为你要发疯了，你要停止呼吸了，或者其他危险的事就要发生了。当然，这很吓人，你会想要尽快摆脱危险。在发生惊恐聚集时，你想要对抗它，却无法摆脱。你可以试着把惊恐推开，但是和真实的危险（比如有只狗要咬你）不同的是，你无法摆脱你的焦虑心理和焦虑身体。不管你做什么或去哪里，你的惊恐会如影随形。

重要的是，你要理解90%的问题都是因为你去尝试对抗最初的惊恐感受。尽管在惊恐波浪开始时你就去对抗它，不一定就会让惊恐发生，但是它却会增加发生惊恐的可能性。这是因为对抗惊恐其实是不可能的。因为它太强大了，当你试着推倒或对抗无法推倒或推开的东西时，你会失败，而因为失败，你会觉得越来越失控，直到波峰来了，你的惊恐出现了。

因此，很重要的是你不要在惊恐波浪开始时去对抗它，想让它消退。相反，我们希望你学会漂着。就像在本章开始时所说的那样，可以把你的惊恐想成是一个激流，对抗离岸流不是明智之举。最好是在等待惊恐波浪消失期间让你自己保持漂浮的状态。但是在我们教给你怎么漂浮在你的惊恐波浪上之前，你需要知道它什么时候会来，这样你就可以赶上它。看看下页描述的焦虑量级，要特别注意这些惊恐的早期阶段。

焦虑量级

阶段0焦虑（放松）	阶段1焦虑（有点儿焦虑）	阶段2焦虑（轻微焦虑）	阶段3焦虑（中度焦虑）	阶段4焦虑（明显焦虑）	阶段5焦虑（早期惊恐）	阶段6焦虑（中度惊恐发作）	阶段7焦虑（重度惊恐发作）
冷静，感觉不烦恼，平静	感觉有点儿紧张，有一点儿焦虑	明确的紧张感，心里七上八下	感觉不舒服但还能控制，心跳加快，呼吸急促，手掌或嘴唇上方冒汗	感觉不舒服或"迷糊"，心跳非常快，担心会失控，紧张和烦躁	心怦怦地跳或不规律地呼吸，感觉头晕或"神志恍惚"，明显感到害怕"要失控了"，感觉从这个情境逃走或离开	剧烈的心跳，出现呼吸困难，感觉迷糊，感觉正在失去控制	所有阶段6的症状只不过都加强了，感到好像要发疯或害怕要窒息，寻找出路想要摆脱这个情况

注：Edmund J. Bourne. *The Anxiety & Phobia Workbook*. 4版. New Harbinger Publications, Inc.

赶上惊恐波浪

在你可以漂浮在惊恐波浪上面之前，你必须得知道什么时候能赶上它。就像在冲浪时赶上浪一样，你必须要赶在你的惊恐波浪前面一点。赶上惊恐波浪就意味着你知道你处在焦虑量级的哪一阶段。不同的青少年有不同的惊恐波浪聚集迹象，不过大多数青少年都会有些感觉。比如，有些青少年可能在非常焦虑时感觉反胃或想吐，而随着他变得更焦虑，可能会开始觉得呼吸困难，可能认为他要失控了或因为不能呼吸要窒息了。另外一些青少年可能会开始感觉有点头晕，或注意到自己的呼吸变快或变沉或心跳变快。发生在你身上的感觉是什么呢？如果不能马上想起来你的所有迹象，试着找父母或心理治疗师帮忙。如果你实在想不到，下次再出现惊恐发作时留意一下，把你的迹象大致记下来。

漂浮在惊恐波浪上的四种方法

当你在惊恐波浪中出现第一个身体迹象时（阶段 4 或之后的阶段），就是该漂浮的时候了。除了"焦虑量级"中各阶段的感觉和感受，你还会发现你的内心正在生成跳跃到惊恐的各种焦虑想法，你需要做的第一件事就是把这些焦虑的乐曲重新混音，然后回放进你的跳跃思维里去。

回放重播

回放重播是用某种自言自语取消内心跳跃到惊恐的这种思维方式。回放重播有作用是因为它们可以精确地解释正在发生什么，可以让你弄明白你的焦虑身体和心理所经历的感觉和感受的意义。例如，如果你在想："我就要犯心脏病了。"你就可以把焦虑乐曲重新混音到这样的事情里："我不会犯心脏病的。我的心脏跳得快是因为我害怕。我的心脏很健康，有很强的承受力。"或者你可能会跳到这样的结论："我要发疯了。"你可以重新混音后回放重播，像这样："我觉得奇怪是因为我害怕。人们不会因为有惊恐发作就会发疯的！"

如果你可以说服自己这些恐惧和不舒服的感觉并不危险（即便是一点点），你就能和惊恐一起漂浮着了。事实上，我们推荐你在使用其他漂浮方法之前先使用回放重播这个方法。当你提醒自己当时的情况和你的感觉并不危险，你就会更容易漂浮。当你这样去想时就会觉得有道理。比如，如果你怕狗，而有只狗坐在那儿看着你，如果你能想点儿别的事（分分心）来让自己平静一点儿，让自己相信，即便是有点儿相信那只狗不会咬你，是不是也会好受点儿？惊恐也是这样，如果你相信（即使只是有点儿相信）这些害怕和不舒服的感觉其实并不危险，也会更容易和它们共处。

让身体平静下来

除了使用回放重播的方法，还有一些方法可以用来让你漂浮在惊恐波浪之上。你可以使用让身体平静的方法。现在，我们重述一下要点。

• 腹式呼吸法：慢而长的呼吸，坚持做至少5分钟，直到你感觉惊恐波浪下降了。

• 可视化想象法：想象一段你喜欢的平静的记忆或一个宁静的地方，就像在温暖的泳池里漂在充气皮筏上或在阳光明媚的天气里躺在海滩上。如果你喜欢想象成皮筏，想象当你在皮筏上时，它在惊恐波浪上轻柔地上下起伏。

分散注意力

同时，通过做一些需要你集中注意力的事情也有助于把你的注意力从焦虑心理上转移开。在感觉焦虑或惊恐的第一个迹象出现时做这件事会有些难，不过一旦你开始做起来，还是有效的，这样做有助于你的精神集中，而不是开始发慌。不过要记得，要先用回放重播的方法，再来分散你的注意力。下面是一些青少年在等待惊恐波浪下降期间做的有意思的事：

- 看看杂志；
- 玩填字或数独游戏；
- 编织、缝纫、穿珠子；
- 和别人玩牌或桌游；
- 演奏乐器；
- 听音乐或看喜欢的电影。

保持漂浮的自言自语

让自己漂浮在惊恐波浪上面最有用的方法是自言自语，用聪明的支持性的方式来缓解你内心的焦虑。换句话说，你可以重新对你的焦虑乐曲进行混音，我们把这种聪明的自言自语叫作保持漂浮的自言自语。我们知道这有助于青少年接受自己的感受，漂在惊恐波浪上，可以让他们在等待波浪下降期间保持耐心。看看下面的保持漂浮的自言自语，尝试用那些看起来会对你最有帮助的。如果你的父母或你的心理治疗师有其他更好的方法，也可以尝试。一旦你掌握了回放重播以及其他的策略和方法，你就能将这些方法组合使用。但是要记得，开始时都要先使用回放重播的方法。例如，想象你在吸气的同时想着："我不会犯心脏病。"在呼气时的同时想着："我的心脏跳得快是因为我害怕。"然后在惊恐波浪上下起伏时，使用保持漂浮的自言自语来平复你内心的焦虑。或者提醒自己你的心脏强壮且健康，然后用一些有趣的事情来分散自己的注意力。

保持漂浮的自言自语

- 我要和我的焦虑一起漂浮，等着它减弱。

- 我可以应对这些感受，它们并不危险。

- 这些感受不舒服，但我可以控制它们。

- 我感受到了焦虑，可情况依然在我的控制之下。

- 我会顺其自然地该做什么做什么，它会过去的。

- 感觉焦虑没什么，漂浮也没什么，就这样随它而去吧。

- 我以前在这个浪上面漂浮过，我可以再做一次。

- 我越来越擅长漂在我的惊恐波浪上了。

- 这不危险，也没什么错。

- 焦虑不会伤害我，尽管我感觉不舒服。

- 没什么严重的问题会发生在我身上，以前从来没发生过，我没事。

- 这只是焦虑而已，我不会让它影响到我的。

现在，你已经学了几种方法了，它们都有效。如果当你开始使用一种时觉得很难用，那就换另一种。如果你厌倦了老用一种方法，就再换换其他的方法。坚持用你的策略和方法（回放重播、让身体平静下来、分散注意力、保持漂浮的自言自语），直到惊恐的波浪平息。

创建惊恐应对计划

现在是时候把这些方法集中在一起来形成惊恐应对计划了。有些青少年反复告诉我们，尽管面对惊恐波浪很难，不过当他们有计划时就会变得容易一些。基本上，惊恐应对计划要把所有的部分组合在一起，所有你学到的和那些在惊恐波浪开始聚集时你希望记住的事情。如果你想要获得帮助，请你的父母或心理治疗师帮你把它们组合在一起。一旦你写好你的计划，把它放在一个当你感觉惊恐波浪来袭时你可以很快能找到的地方。

1.首先，想一想你出现惊恐的第一个迹象是什么。如果你不确定，和你的父母或心理治疗师聊聊，从他们那里获得一些想法。

2.想想你自己典型的跳跃到惊恐的心理是什么，写一个你喜欢的回放重播的列表。

3.浏览一下保持漂浮的自言自语，决定哪个可能对你有效。把它们记录到计划里。

4.写下你会和保持漂浮的自言自语以及回放重播一起使用的让身体平静下来的方法。

5.最后，为你的惊恐应对计划找一个地方，这样当你需要它时你知道它在哪里。要记得，要在惊恐波浪之前提前使用你的计划！

看看黛茜完成的惊恐应对计划。

黛茜的惊恐应对计划

我的惊恐波浪的第一个迹象	惊恐波浪的第一个迹象是当我开始感觉有点儿反胃的时候，然后我开始担心我要吐了（焦虑量级里的阶段2）。 当我真的紧张时，我开始呼吸困难，并担心我要窒息了（焦虑量级里的阶段4）。
我喜欢的回放重播	我不会窒息的。我觉得呼吸困难是我的脖子和胸部的肌肉因为害怕而紧张造成的。 我吸入了大量的氧气，只是我感觉没吸入罢了。实际上我的身体知道怎么呼吸。
我喜欢的保持漂浮的自言自语	我要和焦虑一起漂浮，等着它下落。 我以前和这个波浪一起漂过。 不会有严重的事发生在我身上。 以前从来没发生过。
我喜欢的让身体平静的方法	我可以通过呼吸来让我的内心和身体平静下来。我呼气时喜欢说"毛茸茸的小猫"。
我喜欢做的分散注意力的事情	吹口琴。 听喜欢的歌。 给朱莉打电话，她是我最好的朋友。
别人可以做/说什么来帮我	如果我提出要求，我的姐姐会和我一起玩桌游。 我的妈妈会提醒我，我能应付。 我的爸爸会跟我说，他为我感到骄傲。

学会与惊恐共处

本章教给你如何察觉惊恐发作开始蓄势待发，以及做什么来应对它。要记住，如果你能说服自己（即使是一点点）它们并不危险，然后使用各种方法来让自己漂浮在惊恐波浪之上，你就能与这些害怕和不舒服的感觉一起共处。同时，和真正的浪一样，惊恐波浪也会起起落落。你要对此有所准备，特别是当浪下落的时候。有时候青少年感到焦虑是因为浪在下落而他们预期的却是它还会持续。然后，趁他们不备时浪会再次涌上来，因此他们会再次感到惊恐。试着别担心，在惊恐波浪起起落落的时候和它一起漂浮着，直到它长久地下落下来。

我的惊恐应对计划

我的惊恐波浪的第一个迹象	
我喜欢的回放重播	
我喜欢的保持漂浮的自言自语	
我喜欢的让身体平静的方法	
我喜欢做的分散注意力的事情	
别人可以做 / 说什么来帮我	

第 **7** 章

青少年如何克服社交焦虑和学业焦虑？

　　有没有成年人对你说过这样的话："你为什么有这么大压力啊？现在可是你人生最好的时光呢！""你还这么小能有什么压力？"其实青少年和成年人一样，不管生活多好，也会时不时感觉有压力。有时候青少年用"压力"来描述他们感到的紧张感或受到的审视，有时候用"压力"来表示他们的焦虑和担忧。不管怎样，压力是他们切实感到的不堪重负的感觉并认为对此无力应对。和大多数的青少年一样，对你来说去处理家庭、朋友、学校的期望和要求也是有难度的。

　　因此，本章我们会列出大多数青少年的常见压力源，提供一些方法来帮助青少年处理有压力的事，介绍一些减压的方法，以及当压力情境突然出现时如何使用这些减压方法。

识别三大压力源

在青少年感到的压力中，最普遍的三种类型的压力源是来自家庭的压力、朋友的压力和学业压力。这些类型的压力源很常见，有时每天都有，会让青少年的焦虑更严重。你可能已经明白，大多数的家庭、朋友和学业压力是不能避免的，它们是有活力又充实的生活的一部分。

学会管理压力的第一步就是要知道你的压力是什么。这样，当压力突然出现时，你就会有所准备而不会感到惊慌和不堪重负了。而且，有所准备也会让你觉得我们在这章里说到的四种减压方法更方便上手。因此，首先，问问你自己：我处理我的家庭矛盾有压力吗？我的朋友或社交方面的问题会让我紧张吗？我会为能不能取得好成绩、能不能考上大学而有压力吗？如果你对这些问题其中任何一个的回答是肯定的，就意味着你正经受着青少年典型的压力问题。看看下页青少年常见的压力源列表，来帮助你厘清给你造成压力的到底是什么。浏览这些压力源，留意一下是否有些是在你生活中发生的。

学会四种减压方法

四种减压方法包括：

- 识别感受法
- ICAAN 法：解决问题
- DEAL 法：自信而坚定
- 谈判法：做出让步

青少年常见的压力源

家 庭

去见不和你住在一起的父亲或母亲　　　家庭成员中有人生病
需按时关灯睡觉　　　　　　　　　　　生活状况发生变化
和家人的相处时间不多　　　　　　　　搬家
家庭义务（做家务、和家人一起活动）　父亲或母亲去世
和父母吵架　　　　　　　　　　　　　父母离婚
照顾兄弟姐妹　　　　　　　　　　　　拜访亲戚

朋 友

聚会　　　　　　　　　　　　没有朋友
被朋友逼迫做不想做的事　　　友谊出现变化
和朋友吵架　　　　　　　　　朋友很少
社交活动发生变化　　　　　　和某个朋友的父母合不来
遇见新的朋友　　　　　　　　绝交
和朋友相处的时间不多　　　　和朋友分手

学 业

考大学　　　　　　　　在差班里或老师不好
学业要求　　　　　　　老师对别的学生偏心
参加高考　　　　　　　转学
写作业或学习　　　　　新学年开始或期末
成绩差　　　　　　　　为上学做准备
缺课或上课迟到

其 他

亲人或好朋友去世　　　受伤或生病
经济变化　　　　　　　被开除工作或踢出运动队
饮食习惯改变　　　　　杰出的个人成就
假期　　　　　　　　　睡眠习惯改变
在家里或学校被处罚

识别感受法

识别并留意压力信号的迹象可以帮助你在压力失控前减少它。要知道你是否有压力的迹象，可以问问自己这些问题：

- 我感觉全身肌肉紧张，这让我束手无措吗？
- 我感觉战战兢兢，神经质，烦躁不安吗？
- 我睡不着或容易醒吗？
- 我不想吃饭，或特别想吃垃圾食品，吃得太多吗？
- 我的焦虑感在增加吗？
- 我是不是发现自己更容易生气或脾气更急了？
- 我觉得劳累、疲惫、筋疲力尽吗？
- 我无法集中注意力吗？
- 我很容易哭或感觉非常情绪化吗？
- 我觉得有什么事要失控了吗？

你有这些压力迹象吗？如果你对其中两个或两个以上的回答是肯定的，你很可能感觉压力很大了。一旦你确定自己有压力了，你就可以开始针对它做些什么。不管你相不相信，有时候只是让别人知道你正承受压力或焦虑，就可以降低你的压力水平。当其他人知道你的感受时，他们有时能帮上忙，尤其是当他们本身其实就是你的压力来源时。

ICAAN 法：解决问题

在前文介绍的"青少年常见的压力源"里列出的很多压力源就是一些例子，这里可能有你遇到的想要解决的问题。比如，你被踢出运动队是由于其他原因而并不是你的错，你没有什么朋友而感觉孤独，或其他青少年迫使你做你不想做的事等，这些事都会引发高水平的压力。你一定希望可以改变它们。有一些简单易行、分步进行的方法可能会帮助你提升解决问题的技能，你可以学一学。ICAAN 法的有效模型分五步，这些步骤是：

- 识别 (**Identify**) 并明确问题；
- 创建 (**Create**) 一个解决问题的方案清单；
- 评估 (**Assess**) 并写出每个方案的优缺点；
- 实施 (**Apply**) 方案，进行实践；
- 现在 (**Now**) 回顾这个方案是如何起作用的，并为你付出的努力奖励自己。

使用 ICAAN 法，具体要按下面的步骤做：

1. 识别并明确问题。要做到这点，有一种好的方式是问自己："问题是什么？为什么是个问题？我想尝试改变的是什么？"如果你不确定怎么准确地描述问题，试着问问别人他们会怎么说。

2. 创建一个解决问题的方案清单。问问你自己："我要怎么解决这个问题？"最好头脑风暴一下，想出尽可能多的方案。（在头脑风暴的时候，要重量不重质，数量更重要！）

3. 评估并写出每个方案的优缺点。也就是说，每个方案的加分项和减分项。这有助于你决定哪个或哪些是解决问题的最佳方案。（当考虑优点和缺点时，要重质不重量，质量更重要！）

4. 实施方案，进行实践。选择几个方案，进行尝试。要记住，如果不去尝试，你是不会知道你的方案有没有作用的。

5. 现在回顾这个方案是如何起作用的，并为你付出的努力奖励自己。如果没起作用，那就回到步骤3中的优缺点列表，再选一个别的方案继续尝试。

DEAL 法：自信而坚定

自信而坚定是可以用来减轻压力的第三种方法。自信而坚定的意思是让别人知道你的感受是什么，和他们交流你想要什么，同时也要考虑到别人的感受和愿望。不幸的是，自信而坚定有时会同攻击性混淆。有攻击性的意思是你把自己的愿望置于他人的愿望之上，不考虑别人的感受。这两者的区别是，自信而坚定包括了多方的利益，而有攻击性只包括了一方的利益。有时青少年（还有成人）努力尝试不要表现出攻击性，以至于他们忽略了要自信而坚定，反而直接变成了被动消极。而被动消极的意思是放弃自己的权利，不让别人听到你的想法、喜好或主张。被动消极最后会让你感觉生气、愤恨不满，同时有压力。不管是攻击性还是被动消极，都不太可能让你获得自己想要的。有时候即使是自信而坚定也不能让你获得自己想要的。但是自信而坚定会带给你最好的机会，因为其他两种选择只会让你被忽视或引起别人的不快。

正如你所知道的，很多时候让你有压力的事大多和别人有关。当你因为父母或老师对你要求越来越多而感觉有压力时，自信而坚定可以帮助你推掉一些事情，至少你可以针对不断增加的必做事情与他们商议和谈判，为自己争取更多的时间。当朋友们坚持要你做那些给你增加压力的事情时，坚定地说"不"可以帮助你照顾好自己。能帮助你变得自信而坚定的一个方法叫作DEAL，这几个字母分别代表着描述（**Describe**）、表达（**Express**）、请求（**Ask**）和罗列（**List**）。DEAL法可以帮助你维护自己，寻求帮助，经营友谊。重要的是你要以一种冷静、有礼貌的方式来使用这些步骤，不要咄咄逼人或过于一意孤行。要变得自信而坚定，尝试按下面的步骤来使用DEAL法：

1.描述问题。当你和别人谈话时，告诉他有什么问题。例如："这是你第三次告诉我你会帮助我辅导作业了，但是你总是在最后时刻临阵脱逃。"

2.表达出这个问题带给你的感受。当你描述完了问题之后，要表达出来它带给你的感受，但是不要责备别人。例如："一两次还行，但是你总是这样让我觉得你都不在乎。这让我伤心，也让我感觉有压力，因为我不得不在最后时刻去找别人来帮我。"

3.请求改变。一旦你描述了问题，说出了它带给你的感受，就可以寻求一些你希望可以解决问题的改变，提议一种解决方案。例如："如果你实在不能帮我，就不要再说你会帮我辅导作业了。"

4.罗列出你认为怎么做可以改善这种情况或解决问题的

办法。这会促进他来尝试你的办法。例如："我觉得如果你直接告诉我你不能帮我，我就会找别人来帮我了。这样我以后就不会因为你这样而不高兴了。"

在有些情况下你可能觉得如果表现得自信而坚定会感觉不那么舒服，比如当对方是一个像老师、其他成年人或年龄比你大的青少年时。如果是这种情况，想象一下如果你不能坚定维护自己的后果。如果会有不好的结果，请某个朋友或成年人来帮助你坚定地维护自己的立场。

我的历史老师扣了我的分，因为我论文交晚了。

我解释说我是按时完成的，可她不听。

我请我的英语老师帮忙，因为他帮我看了论文，但返回意见时晚了一天。他和我的历史老师说了。我们解决了这件事，我的论文得了满分。

——艾丽，14岁

谈判法：做出让步

最后一个减压方法是谈判。谈判的意思是，当你是双方中的其中一方时，双方都通过做出让步找到一个和解的方案。让步的方案有助于减少冲突，而减少冲突会减少你自己的压力，也会减少对方的压力。花些时间来决定你在哪些情况下愿意稍微做出让步。不过，让步并不意味着要放弃。如果你稍作让步，对方也让步，你们就会双赢。除非讨论中的双方都感觉自己得到了某些东西也让渡了某些东西，否则让步是没用的。

要通过谈判形成和解，可以按照下面的步骤进行：

1. 在一张白纸上画一个 T 形表。

2. 在左栏上方写"我可以稍微让步的事"，然后写下你可以稍微做出让步的事情。

3. 在右栏上方写"我要牢牢坚守的事"，然后写下你要坚守的事情。

4. 接下来，看看你列出来的"我可以稍微让步的事"和"我要牢牢坚守的事"，能不能发现一些在两者之间折中的事。这就是你想要的和解。仔细考虑双方的状况，然后做一个让大家都满意的决定。

5. 最后，面对面地去谈判你的和解方案。有时第一个和解方案并不成功，或者你意识到你让步的要比对方多，这让你感觉不好。如果是这样，回到 T 形列表，再看看你的想法。然后，让对方知道你并不想要第一个和解方案，你还想要再试试其他方案。

制订减压计划

家庭、朋友和学业压力影响着青少年的生活。因此，重要的是当你感觉有压力时，你首先要学会去识别它，然后用什么样的方法你可以减轻压力，比如本章里提到的四种减压方法。制订减压计划可以帮助你识别什么事给你压力，也会提醒你用一种或全部四种方法来缓解你的日常压力。

来看看克莱为处理他和朋友间的矛盾创建的减压计划吧。

克莱的减压计划

我的压力：我和我的朋友玛丽娅大吵了一架。

识别感受法	我的感受： 烦躁 焦虑 睡不着 肌肉紧张，后背疼 注意力不集中
ICAAN 法：解决问题 识别我的问题	**I：** 玛丽娅和我吵架，因为她说我和她在一起的时间不够多。
提出一组解决方案	**C：**（1）每天在学校和玛丽娅一起吃午饭。 （2）篮球训练后和玛丽娅一起学习。 （3）每周六晚上和玛丽娅在一起。 （4）每晚给玛丽娅打电话。
评估优点和缺点	**A：** 优点是我有更多的时间和玛丽娅在一起，玛丽娅会很高兴，我们的关系会更好。 缺点是我自己的时间会更少，和其他朋友在一起的时间会更少，我可能会觉得有点儿窒息，和玛丽娅老是在一起我会感觉有压力。
实施我的方案	**A：** 尝试一些上面列出的解决方案。
现在，回顾和奖励	**N：** 每晚和玛丽娅聊天，每个周末至少在一起做一件事，这样似乎效果不错。

DEAL 法：自信而坚定	
描述我的问题	**D**：玛丽娅，我认为我们待在一起的时间并不少，但是你不这么觉得，这让你不高兴了。
表达这个问题带给我的感受	**E**：我们俩吵架让我很苦恼，我想和你在一起。但是我害怕失去我的独立性和我自己的活动时间以及与其他朋友在一起的时间。
请求改变	**A**：我们每晚都聊聊天，每个周末至少在一起做一件事，这样好吗？
罗列出怎么做可以改善这种情况或解决问题的办法	**L**：这样的话，我们就能说很多话，每个周末也会有很多在一起的时间了。

谈判法：做出让步	我可以稍微让步的事： 　我可以更灵活地分配周末时间。	我要牢牢坚守的事： 　我想有自己的时间。 　我想和我的朋友们一起玩。

直面压力

　　让我们来面对压力吧，生活中总会有压力的。压力可能来自于家庭、朋友和学业。但是，处理压力的第一步是要知道你的压力来源是什么。在本章，我们提供了一些很实用的方法，介绍了如何通过使用减压的方法来帮你应对压力。你可以整合所有这些方法来创建你自己的减压计划。通过执行你的计划去应对生活中的任何压力，可以帮你缓解内心的焦虑，掌控你自己的情绪。

我的减压计划

我的压力：_____

识别感受法	我的感受：	
ICAAN 法：解决问题 识别我的问题 提出一组解决方案 评估优点和缺点 实施我的方案 现在，回顾和奖励	**I:** **C:** **A:** **A:** **N:**	
DEAL 法：自信而坚定 描述我的问题 表达这个问题带给我的感受 请求改变 罗列出怎么做可以改善这种情况或解决问题的办法	**D:** **E:** **A:** **L:**	
谈判法：做出让步	我可以稍微让步的事：	我要牢牢坚守的事：

第**8**章

饮食、运动和睡眠对焦虑有什么影响？

　　还记得焦虑的循环吗？它说明的是你的焦虑心理和焦虑身体是如何引发焦虑行为的。焦虑的行为会引发更多的焦虑，会影响你的心理和身体，而你的焦虑就会一直循环下去。如何让焦虑不再循环起来呢？在前几章，我们谈到了要怎么做来使你的焦虑心理平静下来。但你的焦虑身体呢？怎样照顾好你的身体对于你的心理有重要的影响，也会影响你的焦虑。你吃得健康吗？你有充足的睡眠吗？你有足够的运动量吗？所有这些因素都会决定你的感受，而你也能影响它们。本章聚焦于饮食、运动和睡眠，会给你提供一些方法和信息来改进这几个方面，这样你就可以让你的身体和心理平静下来了。

选择健康的饮食

　　青春期是一个青少年的身体快速生长，需要更多热量和营养的时期。青少年需要钙来促进骨骼的生长，需要蛋白质来增加肌肉。到了高中，对于大多数青少年而言，学习和运动的要求都提升了，因此有适宜的营养来为他们的身体提供能量就更加重要。然而，你可能也注意到了，随着对你在时间、注意力和能量上要求的增加，对你来说保持健康的饮食方式也越来越难了。你可能会不吃正餐，而吃甜食和加工食品，或在路上边走边吃。如果你总是吃这些含有饱和脂肪、化学物质和精白糖等物质的食品，或不吃正餐，不摄入关键营养素，你的身体就无法在最佳状态运转，这会让你在面对增加的压力和焦虑时更加脆弱。

你的日常饮食中要吃哪些食物，避免哪些食物，实际这并不是件容易的事。大多数青少年都会受到电视、广播、杂志和报纸关于饮食和营养的建议，推销方便食品的广告，大吃大喝与节食潮流的交替变换，类似这些信息的影响。有时，青少年很难知道该相信什么或相信谁。此外，你可能还会有其他压力，比如，为了和朋友外出不在家吃健康的午饭而去吃自动售货机里的食品，或者因为担心自己的身材而节食。因此，有一个好办法就是对于每天吃什么有一个总体的规划，只要有可能就选择健康的饮食。即使你朝这个方向迈出的步子很小也能改善你的营养状况，进而有助于你管理自己焦虑的心理和身体。下面会提供一些美国儿科学会关于如何改善饮食习惯的基本建议。（如果你非常担忧你的营养习惯，你的身体状况亟须调整饮食，或如果你认为自己超重或体重过轻，请咨询医生或营养师。）这里我们介绍几个规划和策略，你可以尝试尝试。

健康的饮食习惯

在美国，科学家和医生越来越重视饮食习惯，他们认为正是这些饮食习惯导致了在成年人以及儿童和青少年中肥胖率的急剧增加，因此特制定了美国人膳食指南来促进健康，降低疾病风险。这个指南概述了三个重要的指导性原则，敦促人们要：

1. 在所有食物类型中进行均衡选择；
2. 在饮食和运动两者间达到平衡；
3. 从食物热量中获取绝大多数的营养。

第1个原则鼓励灵活而均衡的饮食安排，可以考虑三分定律作为快捷方便的指导方针，即你的一餐中三分之一是蛋白质（肉或豆类），三分之一是水果和蔬菜，还有三分之一是碳水化合物（谷物和淀粉）。此外，还要包括一些油脂和盐（通常很多食物都含有盐），富含关键维生素和矿物质（比如维生素A和维生素C、铁、钙）的食物。膳食指南建议青少年每天都要摄入一定量的钙，而大多数青少年没有获得他们身体成长所需的足够的钙。因此，试着在每餐和零食中加入一些乳制品。如果你对饮食安排的其他指南感兴趣，可以咨询医师或营养师。

第2个原则鼓励你在饮食和运动之间要达到平衡。如吃了中等份量的食物就要达到中等的运动量（见"进行有规律的运动"这部分内容）。像吃一顿大餐却没有任何运动，就是一个饮食和运动不平衡的例子。同样，限制自己的饮食和超负荷运动也是不平衡的，同样是不健康的。

第 3 个原则强调的是通过正确的选择从食物中获得大多数的营养。例如，一块巧克力所含的热量是 218 卡，三个低脂奶酪棒所含的热量是 216 卡，尽管这二者的热量差不多，但是奶酪棒能提供给你的营养远比一块巧克力要多。

均衡的饮食：通向健康的金字塔

还有一种帮助你选择健康食物的方式，你可以参考美国农业部的膳食金字塔，可以根据它来均衡饮食。膳食金字塔建议你在日常的饮食中包括六组食物：①谷类，②蔬菜，③水果，④牛奶，⑤肉和豆类，⑥油脂。在你的日常饮食中包含的每种食物类型的量取决于你的年龄、性别、体重、身高和运动水平。或者，如果你想要拥有更健康的饮食，和你的父母聊聊是否要预约见个营养师。营养师是帮助青少年根据他们的特定需要量身定制饮食计划的专家。

解读食物标签上的营养成分表

通过阅读并且理解食物外包装标签上的营养成分表，可以帮助你去选择正餐和零食中所要包含的食物种类和食物量。食物标签会提供关于食物的营养成分的信息，推荐每种营养成分的每日摄取比例。当你拿起一份食物时，请仔细看一下营养成分表。这个表很容易找到，大多数都在包装的侧面或背面。每种食物的推荐食用量在标签的最上面，也包括了每一份所含的食用量。标签还按照每克或每毫升列出了每份食物的营养成分和维生素的量，以及营养价值的每日所需量。大多数食物都包含脂肪、碳水化合物、蛋白质、纤维以及维生素 A、维生素 C 和维生素 D，还有矿物质，如钙和铁。标签的目的是给消费者提供统一的方法以便安排饮食中所含的食物种类和食物量。尤其要查看食物标签上食物的钙含量，大多数青少年获取的钙量不足，食物标签有助于确保你在每日饮食中获得足够这种重要的矿物质。如果你想了解如何解读标签上的营养成分表以及怎么去使用这些标签来安排你的饮食，可以和营养师或医生谈谈。

制订健康的快餐和方便食品计划

健康的快餐是有可能的！你在家里吃的食物有时也并不健康，和快餐双层芝士汉堡一样，也会含有高饱和脂肪、高盐和化学成分。虽然我们并不推荐你把快餐作为日常饮食，不过偶尔吃顿快餐也是可以的，尤其是当你的选择是明智的时候。例如，在你的沙拉里不放奶油类的调料而是用食用油和醋来替代，用烤土豆来替代炸薯条，喝牛奶或水而不是碳酸饮料，选择没有额外酱料的单层汉堡或一块烤鱼。最后，要记住：做任何事情都要适度。最好每种食物都要吃一点，而不是完全不碰某些食物。当我们强迫自己不去吃某些食物时，反而会让我们更渴望这些食物，之后当我们实在坚持不下去时反而会吃得更多。虽然午餐吃汉堡、炸薯条和奶昔，不是完美的一餐，不过一个月吃一次总比每天都吃要好得多。同样，一天中的某一餐吃太多，其他时间什么也不吃，对自己也没有好处。

我知道我并不想从我的食谱里把快餐去掉……我做不到，因为我太喜欢巧克力奶昔和炸薯条了！但是，我也知道什么

东西太多了也是不好的。所以我决定点一个儿童份的奶昔，和朋友吃一份薯条。而且，我和朋友们每礼拜五的午饭是去学校食堂吃沙拉，不吃快餐。我的饮食有所改善，而且并不困难，也没感觉不能再吃我喜欢的事物了。

——艾丽，14岁

避免咖啡因、糖和其他刺激物

有些食物和物质会引发你的压力和焦虑，这可能会让你感觉惊讶。但并不是所有的青少年都对这些食物敏感，有些青少年发现某些食物或物质会引发一些身体反应，这让他们感觉和焦虑时的身体症状很像，或会让焦虑发作更严重。要确保你的心理和身体正常运转，你需要回顾一下哪些食物会刺激你的身体，引发你的不适感觉，从而引起一系列或焦虑或惊恐的反应。

咖啡因是一个能够引发焦虑、易怒，喝下去仅仅几分钟就能感觉兴奋起来的刺激物。一下子摄入太多的咖啡因所伴随的身体症状感觉特别像焦虑，如果你因为感觉焦虑而焦虑，这会让你的焦虑循环起来。有趣的是，即使是巧克力棒或碳酸饮料里面低剂量的咖啡因也会让你感觉心跳变快，如果你对这种刺激物很敏感，很可能会引发焦虑。此外，对某些食物过敏也会让你感觉焦虑、头晕、易怒、头脑不清或情绪化，可能你还会感觉头疼，出现睡眠问题。当你的身体试图抵抗这种物质时就会出现这些症状，这些症状可能发生在你吃完这种物质的几分钟到几个小时不等。同样，这些症状和青少年在惊恐发作或出现强烈的焦虑时的感受很像，因此也会引发你的焦虑的升级。如果你怀疑自己对某种食物过敏，或想知道哪些食物和物质可能会引发这些症状，和你的父母或医生谈一谈，怎么做能在你的日常饮食里减少或避免这些食物。

还有一个影响焦虑的刺激物，其实并不是食物或物质，但是当你的血液中的葡萄糖比正常值低时就会发生在你身上，这种状况是低血糖。当你的血糖水平降得太低时，你会感觉一系列不舒服的症状，包括感觉湿冷或出汗、头晕、虚弱，你的心跳也会加速。人们在惊恐障碍或急性焦虑发作时也会出现这些相同的症状。低血糖在糖尿病患者中很常见，不过也会发生在没有糖尿病的人身上。通常，低血糖发生在餐后几小时或早晨刚醒时，当血糖处于最低水平时。如果你在吃饭后几个小时，半夜或早晨刚醒时，感觉焦虑和紧张不安，这可能说明你出现了低血糖。当低血糖发生时，试着吃些含糖的东西，看看你的症状会不会减轻或消失。如果你发现吃些东西会让你的症状减轻或完全消失，我们建议你和医生谈谈，他可以帮你确认你是否有低血糖问题。

进行有规律的运动

如果你也和大多数青少年一样，那么你的运动量要比你小时候少很多。这其中有几个原因。首先，你现在比小时候更忙了。你有更多的作业要做，社交生活也更多了，更难有闲暇的时间。另一个运动量变少的原因是，当青少年升入高中后，运动会变得更具比赛性。有些青少年会觉得要足够擅长才能去进行运动，这种想法是很有压力的。即使你现在进行有规律的运动更难了，但运动还是很重要的。健康的身体会带来健康的心理，反之亦然。事实上，规律的有氧运动确实可以改变你的脑结构。另外，除了会让你看起来更强壮和感觉更好外，运动还有助于使你的思维更清晰，以减少压力和焦虑。最后，有氧运动可以帮助你的心脏的泵血更有效率，这可以降低血压。你可能认为高血压只发生在成年人身上，但是你错了，超过百分之五的儿童和青少年有高血压问题。

和其他很多事情一样，尽管你知道什么对你有好处，但并不意味着你就会去做。你可能害怕运动，会想方设法地逃避。不过，运动并不意味着你要跑几公里或游泳几十圈。可以锻炼心血管的是30分钟的中等强度运动。运动可以很有意思，也可以包括任何你喜欢的身体活动，只要能让你心跳加速泵血就可以。看看下页的列表，挑三到五个你喜欢的，然后在你的日常安排里，决定在什么时间你可以做这些运动。要尽可能现实，比如放学后，你已经上了钢琴课、辅导班和家里人吃了晚饭，要是还安排出去走一个小时就不太可能实现。不过，在小区里投篮30分钟可能就更适合你的日程安排。

如果你觉得下页列的这些都没什么意思，想想有什么运动是你感兴趣的又能满足心血管锻炼的要求。例如，躲避球和呼啦圈是有氧运动，运动量和你在自己房间里跳30分钟舞是一样的。发挥创意吧！一旦你选定三到五个运动，用本章后文中"我的健康计划"把它们写下来。

射箭	骑马	滑雪
健美操	干家务	足球
羽毛球	健身	棒球
跳绳	篮球	皮划艇
骑自行车	爬楼梯	武术
力量训练	保龄球	山地自行车
冲浪	独木舟	普拉提
游泳	加入啦啦队	健力举重
乒乓球	划船	竞走
冰壶	网球	跳舞
攀岩	田径	潜水
竞技表演	剑术	滑旱冰
排球	散步	跑步
水中有氧运动	水球	园艺
水肺潜水	举重	高尔夫
投篮	体操	铲雪
摔跤	滑板	清理院子
远足	滑冰	瑜伽

获得充足的睡眠

每个上学日是不是闹钟已经响过几遍，你才闭着眼睛溜下床？你是不是觉得自己在上学的前几个小时都云里雾里的？你是不是经常对自己说："我真应该多睡会儿，就不知道怎么才能做到？"如果你对上面任何一个问题的回答是"是"，事实上，并不是只有你一个人这样。有专家称青少年要保持最佳状态平均每晚需要 9 个小时或以上的睡眠，美国国家睡眠基金会在 2006 年睡眠调查中曾指出 11 岁到 17 岁的青少年获得睡眠远不达标。另外，随着青少年年龄的增长，他们的睡眠时间也越来越短。有相当多的青少年在晚上 11 点以后上床睡觉，又要在第二天早晨 6：30 起床去上学，这样每晚的平均睡眠时间就是 7.5 个小时。尽管有些青少年试着在周末补觉，不过他们的平均睡眠时间还是没达到一般青少年所需的睡眠时间。

睡眠专家玛丽·卡斯卡顿博士把青少年获得充足睡眠的困难比喻成晚上没有加满他们的油箱。每天，青少年都是从一个少量或空着的睡眠油箱开始的，而在这一天中并没有机会去把它填满。慢性的睡眠缺乏会导致成绩下降、情绪低落、焦虑增加、运动表现受损以及其他事故风险的上升。你的父母可能会要求你早点上床睡觉，同时又希望你在学校有好的表现，可以多参加校内（校外）的活动，这些都会让你每晚熬夜。你怎么才能兼顾两方面呢？此外，有时在你应该调整到即将进入睡眠的慢节奏时，电视、网络和电子游戏会吸引你并让你精神起来。推迟入睡时间会让昼夜节律或生物钟前移，这会让很多青少年直到晚上 11 点之后还很清醒活跃，而他们又要在第二天早晨 6：30 左右起床为新的一天做好准备，因此要想获得充足的睡眠就更难了。所以，你要怎么做呢？

了解低睡眠油箱的信号

改善睡眠的第一步是能意识到当你的睡眠油箱不足时的警告信号。美国国家睡眠基金会列出了七条常见的信号，表明你没有得到自己心理和身体所需的睡眠。看看下面这七条信号，你可以在心里对应一下每一条是否和你的情况相符。

- 早晨睡不醒，整天都在打哈欠。
- 每天不能按预定的时间到校或上学会迟到。
- 要依靠咖啡因来保持清醒或集中注意力，才能熬过一天。
- 上学时不能保持清醒或在课上睡觉。
- 感觉哪天睡得更少时更容易发火、焦虑或生气。
- 给你自己安排了太多的学习和课外要求。
- 每天打盹时间超过45分钟，或周末要比平时多睡2个小时。

如果这些信号里，你有几条都符合，那么很可能你的睡眠就不足。慢性疲劳确实是一个值得引起重视的问题。其他需要你注意的信号有：打呼噜或在睡觉时出现呼吸问题（可能是睡眠呼吸暂停的症状），有腿抽筋和麻刺疼的感觉，或长期的失眠让你睡不好。如果你有这些症状中的任何一个，和医生谈一谈。这些可能表明你有睡眠问题，这会让你即使有很好的睡眠习惯，还是会感觉疲劳。你甚至可能想要去看睡眠问题的专家。

记睡眠日记

如果你怀疑自己没有得到充足的睡眠或你可能有睡眠问题，下一步是通过记睡眠日记来更多了解你的睡眠习惯。一旦你知道每晚睡多长时间，有哪些因素影响你每晚获得最佳9个小时或以上的睡眠，你就可以开始形成一个更健康的睡眠计划。你的睡眠安排是什么样的？可能是非常规律的，每晚有固定的上床睡觉时间。不过，也可能是很不规律的，比如某个晚上要熬夜去完成作业，另一个晚上要和朋友们出去玩到很晚，然后第二天晚上又睡得很早。记一到两个星期的睡眠日记，你会知道自己睡了多长时间，是否睡眠充足，可以在哪些方面改进睡眠的质量和时间。用后文中"我的健康计划"表来记录你的睡眠日记，建立一些新的睡眠目标。

养成好的睡眠习惯

最后一个改善睡眠质量和时间的步骤是改掉不良的睡眠习惯。有些事情可能很明显，比如不摄入咖啡因，如果每天安排了太多的学习、社交和课外活动就减少一些。下面有一些睡眠专家给出的窍门，可能会帮助你养成更好的睡眠习惯和制订健康的睡眠计划：

- 设定统一的上床睡觉时间和起床时间，周末也不改变。
- 午饭后不喝任何含咖啡因的饮料。
- 睡前一到两个小时不吃东西，包括零食。
- 在白天锻炼，睡前几小时内不做运动。
- 在睡前一到两个小时养成放松的习惯。关掉所有的电子设备，因为屏幕的背景光会干扰大脑休息，你可以读书或看杂志，听音乐，泡澡或画画。
- 改造你的卧室，让它成为一个更容易睡着和适宜睡觉的环境。装遮光的或厚的窗帘，让你的房间光线更暗，或带个眼罩。睡眠开始时伴随着我们体温的下降，因此要确保你的房间凉爽以帮助你入睡。在夏天还可以用风扇来掩蔽可能会吵醒你的噪声。
- 让睡意顺其自然。如果你在30分钟内仍无法睡着，就不要非让自己睡着。可以起来做些安静的事，比如读书或画画。当你开始感觉有点儿昏昏欲睡时，再回到床上。如果你在30

分钟内还没睡着，就再重复上面的做法。

• 卧室不要挂着电子钟。当你盯着钟看时很难睡着，因为你会为能不能睡得着而担忧。

• 卧室只是睡觉的地方，其他所有的"睡眠小偷"，如看电视、做作业和打电话都在家里的其他地方做吧。

上面这些办法有没有是你觉得可以试试的？做这些改变时你可能想要让父母来帮忙。用后文中"我的健康计划"表来记录你想要改善自己睡眠的办法吧。

我对自己的晚间习惯做了些改变来帮助我睡得更好。我会在晚上8点之前吃完晚饭。我试着晚上10点之前完成作业，没做完的我会第二天在自习室里做或等到周末有更多时间时再补做。我也会在睡前至少一小时之前，关掉电脑和电视，通过读书或听舒缓的音乐帮助我进入睡眠的状态。最后，我试着在家里的客厅完成全部作业，这样我的卧室就只是睡觉的地方了。这能帮助我把我的卧室想成是一个平静安宁的地方，而不是一个会感受到压力和担忧的地方。

——克莱，17岁

如何应对经前症状？

所有女性中约有一半人会有经前症状，既包括身体的也包括心理的症状。很多与经前症状有关的心理症状和惊恐发作或急性焦虑发作的一些症状是一样的，比如焦虑、惊恐、紧张、易怒、抑郁、情绪化、疲劳和健忘。要缓解经前症状的身体和心理症状，可以在月经前几天和月经期间，针对你的日常安排做一些微小但重要的改变。

用一个日历开始监控你的月经周期，注意一下你的惊恐（panic，P）、焦虑（anxiety，A）和情绪低落（low mood，M）这些症状是不是在月经前变严重了。你可以每天在0到10分的分级上记录一下每个症状的评分（0分＝没症状，10分＝最严重）。例如：P=3，A=4，M=6。

改变一下你的饮食习惯，还有运动和睡眠习惯。这些改变可以帮助你缓解月经前几天和前几周的压力、焦虑和情绪低落。要从减少高糖、高盐和高脂的食物开始，同时少吃加工食品，代之以蛋白质、全麦和水果以及蔬菜。此外，运动有助于增加新陈代谢，帮助你的身体有效地清除这个月里堆积的体内毒素。这在月经周期前的七天尤为重要。

不要减少睡眠，这很重要。在你月经前一天和月经期间尽可能让你的身体获得额外的休息，要睡好觉。尽管这些建议不会消除你所有的身体和心理症状，但是可以减少这些症状对于你月经前这段时间日常生活的影响。不过，如果你的症状更严重，或者这些建议并不能起到多少缓解作用，你可以和医生或妇科医生谈谈你的状况。

制订健康计划

现在你更多地了解了你的身体会影响你的心理，以及饮食、运动和睡眠的价值，你可以设计一个你自己的健康计划。使用下面的表来制订你的饮食目标和运动目标，以及改善你的睡眠目标。

我的健康计划

饮食目标

在下面列出你想要用新的习惯来替换的旧习惯。	
旧的不健康习惯	新的健康习惯

运动目标

在下面"我的想法"一栏中列 3 到 5 个你喜欢做的运动。把这些运动分别写在下面每天的计划中，每项运动的目标要定在 30 分钟。

我的想法	
周一	
周二	
周三	
周四	
周五	
周六	
周日	

睡眠日记

时间	几点睡着	几点醒来	总睡眠时间（小时）	我今天的感觉（0分＝筋疲力尽，10分＝清醒）
周一				
周二				
周三				
周四				
周五				
周六				
周日				

晚上平均睡眠时间：把7个晚上的睡眠时间加起来，然后用这个数除以7。如果你只记录了5个晚上的睡眠时间，那就除以5，以此类推。如果你的睡眠安排每周是不一样的，那就记录几周的睡眠状况。

我每晚的平均睡眠时间：☐☐☐☐ 个小时。

理想的每晚平均睡眠时间：8.5—10 个小时。

我的睡眠目标：每晚要多 ☐☐☐☐ 个小时的睡眠。

改善我的睡眠的办法有：

1. _____

2. _____

3. _____

4. _____

5. _____

坚持实施健康计划

因为焦虑会同时影响生理和心理，所以关心你的身体和关心你的心理是同等重要的。本章强调了健康的饮食、适量的运动和充足的休息是如何增加你身体和心理的能量以及缓解有害的压力和焦虑的。不过，你不可能在任何时候总是保持最佳的日常习惯，比如经过一个长假，那么你该怎么做呢？

首先，如果你稍微偏离了自己制订的目标，不要责怪自己，这是难免的，努力做到有灵活性而不是要求完美。如果你提前知道某一天或某些天你不能保持均衡的饮食或无法避免饱和脂肪、精白糖和其他化学物质含量高的食物，比如去好朋友家过周末，他家的招牌菜是炸鸡和饼干，那么你可以提前计划一下，吃一块炸鸡而不是两块，下午的零食吃一点儿水果而不是吃饼干和果酱。或者如果因为下雨，你不得不放弃打篮球的计划，那么你可以考虑做一些室内的运动。如果你实在想不出解决问题的办法，那就先接受你的饮食、运动或睡眠习惯暂时不规律的情况，然后一有机会就第一时间回归到正常的轨道上来。这个机会有时是新的一天开始时，也可以是其他时候，比如当你意识到自己没吃早餐或午餐是快餐的时候，或者当你意识到自己前一天晚上只睡了五个小时的时候。总之，要保持灵活，尽早回归正常的轨道。

如果你追求的是一个完美的健康计划，你可能会发现长期坚持是很难的，而如果你能保持灵活，也能够预料到偶尔会有一些挫折，你反而能更有准备地回到正轨。这一点有助于你在今后能更好地使用你自己的健康计划。

第9章
正确认识药物治疗

　　有时候，尽管你自己已经非常努力地去克服焦虑和担忧了，但你可能还是需要稍微借助一点儿帮助，这有时指的是心理治疗，有时指的是心理治疗加上药物治疗。我们已经在前文提到过在什么时候心理治疗师提供的额外帮助是有益的，所以在本章，我们会讲到药物治疗。具体来说，我们会先说明药物治疗何时和如何会对你有帮助，以及何时该将它纳入你的管理焦虑和惊恐的计划中。然后，我们还会讲到你可能会有的对药物治疗的误解，一些阻碍你去考虑药物治疗的问题。最后，我们会给有焦虑问题的青少年介绍一些最常见的药物，帮助他们来决定是不是要尝试药物治疗。

什么时候需要药物治疗？

　　当你开始想尝试药物治疗时，可能出于很多原因。研究表示，对很多青少年来说，药物治疗结合心理治疗要比只用药物或只用心理治疗的效果更好。药物治疗帮助你的方式和救生衣类似。救生衣可以帮助你保持漂浮的状态，但是救生衣无法让你游过整个泳池或回到岸上，最终还是要靠你自己做到。相似的，药物治疗可以稍微降低你担惊害怕的强度，让你可以更顺利地去使用本书提到的方法，缓解你的焦虑感。

可能对你来说这样更好理解：如果你已经尝试了心理治疗而你仍然感觉非常焦虑或担忧，你可能就需要尝试药物治疗了。如果你非常配合地进行心理治疗，但是仍感觉没有动力继续坚持下去，因为你的所有努力都好像是"进一步退两步"，此时你可能就需要尝试药物治疗了。如果你因为感觉极度焦虑和恐慌而不能去上学或待在教室里，那么你要考虑用药物治疗来帮助你度过这些艰难的阶段。或者如果你处于抑郁中或有其他如注意力多动缺陷（AD/HD），你可能也需要尝试药物治疗。

我对细菌的恐惧已经有了很大的进步，不过我的心理医生认为如果在我的计划里加上一些药物治疗，我还会有更大的进步。当她第一次提到药物治疗时，我不知道是不是她觉得我之前的努力不够。但是我确实很努力了！这就是为什么一开始我拒绝了她的提议。另外我确实想完全靠我自己，我不想用药物来作弊。我的治疗师和我谈了为什么服用药物和作弊不一样，以及为什么在我的计划里增加药物治疗会真的有助于更成功地管理我的焦虑心理。我自己决定，服药也不会损失太多东西，所以我开始了药物治疗。你猜怎样？一两

个月之后，我就感觉好一些了。药物治疗结合心理治疗对我真的有效。

——敏，16 岁

对药物治疗的六种常见误解

决定要不要尝试药物治疗是一件大事，在本章后面的部分，我们会介绍一些有助于你和你的父母作出决定的策略。我们会看看服药的利与弊，确实是有弊处的，比如副作用和对健康的风险。但是首先，我们想给你一些关于药物治疗的真正解读。有时，青少年不想尝试药物治疗，是因为他们对有关药物的认知根本不是真相。我们把这些叫作对药物治疗的误解。有些青少年认为：

- 使用药物意味着我失败了。
- 使用药物意味着我失去了控制权。
- 使用药物意味着我很软弱。
- 使用药物会让我感觉很怪。
- 使用药物会改变我的人格（个性特点）。
- 使用药物没用。

这些想法中没一个是真的！请接着往下读这六个常见的对药物治疗的误解，让我们帮助你分清事实和谣传。

使用药物意味着我失败了。 有些青少年可能会认为服药意味着在心理治疗或管理自己的焦虑方面他们失败了。我们不这么认为，如果你一直在使用这本书或去见了心理医生，我们知道你一直在为克服自己的焦虑和恐惧而努力。学习管理你的焦虑和忧虑无所谓成功与失败，而是去发现对你的具体情况哪个会取得最好的效果，然后接受合适的帮助，从而改善你的感受。

问问你自己，如果你最好的朋友尝试药物治疗，你会认为这是失败吗？你会说"是啊，你完全就是个废物"吗？不会，你不会这样。相反，你更可能会支持他，认为他正处于一个艰难的时期，也会真心为他愿意去尝试能让他状态越来越好的事情而感到高兴。你甚至可能会佩服他的勇气。因此，如果你决定要尝试药物治疗，这不意味着你失败了。它表明你下决心要好起来，你会考虑你的医生和心理治疗师认为可能会帮助你达成这个目标的所有选项。

使用药物意味着我失去了控制权。 有时青少年不去尝试药物治疗是因为他们担心药物会在某种程度上让他们失去控制。如果你听说过这种对药物的误解的说法，你问问自己："会失去对什么的控制？"如果你担心无法控制自己的身体，你会发现药物会让你感觉对自己身体的控制更强了，而不是更弱了。很多时候，是焦虑本身让我们感觉自己的身体失控了。如果药物治疗会减轻你的焦虑感，就像你的医生希望的那样，那我们认为你更可能感觉自己有更多的控制感，而不是更少。有很多使用药物治疗的人可以为此作证。当然，如果他们都失控了，我们早应该听说过！

使用药物意味着我很软弱。 很常见的是，青少年不尝试药物治疗因为他们认为这像是一种依赖或意味着他们是在作弊。这些青少年认为他们应该能够独自应付自己的焦虑和忧虑，如果他们使用药物治疗，意味着他们很软弱。其实这大错特错。事实上，我们都会借助一些外力来让学习这件事更容易些。回忆一下你第一次学习骑自行车的情形，很可能你用了辅助轮来防止跌倒，这样你就能蹬脚镫子、扶车把、在自行车上保持平衡。当你第一次学游泳时，你可能会使用浮板让你的脑袋露在水面上。辅助轮能让你骑过整片公园吗？浮板能让你游过整个泳池吗？当然不能！最终还是你自己做了这些事，而不是辅助轮和浮板。很可能你会想到很多其他的例子，关于人们如何使用某些工具帮助他们学习某项技能或让事情更简单一些。药物治疗有点儿像辅助轮或浮板。在你学习控制你的焦虑和忧虑的时候，不管是使用本书介绍的让内心和身体平静下来的方法，还是使用你在心理治疗中学到的方法，药物治疗都会让你在这个学习过程中轻松一点儿。

使用药物会让我感觉很怪。有时青少年担心药物治疗会让他们产生重大变化或他们会感觉自己变得怪异或不一样了。事实上，这没错。如果药物治疗有效的话，会让你感觉不一样甚至行为表现不一样了。但这是因为你会感觉不那么焦虑了，表现得不那么恐惧了。当你不那么焦虑时会让你感觉不同寻常，毕竟，如果你已经焦虑了很多年，然后你开始觉得平静，这可能会是一种奇怪的体验。尽管有些副作用可能会引发不同的感受，但它们中绝大多数都会在使用药物治疗的前几个星期内消失。

使用药物会改变我的人格（个性特点）。有些青少年担心药物会改变他们的个性和性格。他们担心药物会让他们变得没有意思、没有创造力了，或变迟钝了。这是一个对药物治疗的大误解。想一想当你不焦虑的时候，会是一个放松的、有才华的、自信的你，放松的、有才华的和自信的你也是你人格（个性特点）的一部分。焦虑会让你的这些部分隐藏得比你想要藏起来的多。药物不会改变你的个性特点，相反，药物可能会消除焦虑，这样你那些隐藏的部分就能闪闪发光地展现出来了。

使用药物没用。最后一个青少年常见的误解是认为药物治疗没用。这是个误解是因为我们知道药物治疗可以帮助大多数的青少年。对一些青少年来说，药物治疗帮助很大；而对有些青少年来说，药物治疗的帮助会小一些。真正的问题（这是一个值得思考的好问题）是："药物治疗对我会有帮助吗？"你的医生、你的父母，甚至是你自己都无法回答这个问题，除非你好好地去尝试一下药物治疗。这种认为药物治疗没用的误解会严重影响你对这个问题的回答。有时你会相信这个错误的看法是因为你抑郁了，认为很多事在你身上都没用。如果是这个原因，药物治疗真的会让你有所好转。同样，除非你去尝试，否则也不会知道结果。你的医生、心理治疗师或父母可以帮助你看到药物治疗能给你带来的希望，和他们聊聊，看看他们怎么说。

你有上面哪些误解？看看下面的列表，然后用"是"、"否"或"可能是"圈出可能是你的绊脚石的错误观念。如果你对药物治疗的误解不在这个列表上，那么把它写下来，给你的父母或心理治疗师看看，这样你可以调查一下这个误解，获得你应该得到的帮助。

我对药物治疗的误解

在你对药物治疗的误解上圈出"是"、"否"或"可能是"。

使用药物意味着我失败了。	是	否	可能是
使用药物意味着我失去了控制权。	是	否	可能是
使用药物意味着我很软弱。	是	否	可能是
使用药物会让我感觉很怪。	是	否	可能是
使用药物会改变我的人格（个性特点）。	是	否	可能是
使用药物没用。	是	否	可能是
其他：			

用于治疗焦虑的药物

看到一个列有不同药物名字的清单会让人感觉太多了。最后一行是这样的：如果你决定尝试药物治疗，可供选择有很多，可以供你和你的医生找出一个对你有效的药。如果你对了解更多药物治疗的知识感兴趣，可以看看美国食品药品监督管理局提供的关于下面这些药物的信息。

SSRIs

用于治疗焦虑的最常见的药物种类叫作选择性血清素再摄取抑制剂，简称SSRIs。医生经常会给焦虑或抑郁的人开SSRIs。有趣的是，焦虑和抑郁包含了很多相同的大脑化学物质的改变，因此针对这些大脑化学物质的药物往往对焦虑或抑郁心理问题有作用。研究者认为，SSRIs可以提升大脑中血清素（一种大脑的化学或神经递质）的活性。SSRIs包括西酞普兰（西普妙）、艾司西酞普兰（来士普）、氟西汀（百忧解）、氟伏沙明（兰释）、帕罗西汀（百可舒）以及舍曲林（左洛复）。通常，医生在开始时会给一个低剂量的SSRIs，然后在几周的时间里慢慢增加药量。因此，要经过几周你才能感觉到这些药物的全部效果。在最初的几周内，你可能会感觉到副作用，不过对于大多数青少年而言副作用都比较小。

不同的SSRIs有不同的副作用。比如，有些青少年服用舍曲林和氟西汀后会感到兴奋或精力过盛，但是在服用氟伏沙明和帕罗西汀后会觉得更平静甚至有镇静的感觉。有时，当医生给你开了一种SSRIs，或增加剂量时，可能你一开始会觉得身体上有坐卧不宁或兴奋的感觉。其他可能的副作用包括恶心、头疼、紧张、睡眠问题、神经过敏和皮疹。不论是哪种副作用，我们希望你和医生谈谈，包括任何你觉得有变化的情况。同样，并不是所有的青少年对SSRIs的反应都是一样的，也不是所有人都会出现同样的副作用。医生很擅于帮助青少年解决这些副作用，并找到另一种对他们有效而副作用更小的SSRIs。

SNRIs

另一种新型的用来治疗焦虑的抗抑郁药是血清素-去甲肾上腺素再摄取抑制剂（SNRIs）。这些药物和SSRIs一样，作用的也是血清素，不过同时也作用于另一种叫作去甲肾上腺素的大脑化学物质。SNRIs包括文拉法辛（怡诺思）和度洛西汀（欣百达）。这些药物的副作用和SSRIs是相似的，和SSRIs一样，这些药物完全起效要用几周的时间。科学家对这些药物治疗青少年焦虑的研究不像对SSRIs那么多。不过，它们在安全性上和SSRIs是一样的，青少年也可以很好地耐受这些副作用。

苯二氮平类药物

苯二氮平是另一种针对焦虑的特效药物。这些药物比SSRIs起效更快，如果你用过，你可能注意到了服药后你立刻就感到焦虑缓解了。苯二氮平类药物对于中断惊恐障碍很有效，但是在抑制下一次惊恐发作方面，它们的作用不像抗抑郁药那么好。因此，医生经常一开始会同时开苯二氮平和抗抑郁两种药，用抗抑郁药来降低整体的焦虑水平。研究者认为苯二氮平类药物是通过增加大脑里的另一种神经递质——伽玛氨基丁酸（GABA）的水平产生作用的。苯二氮平类药物包括阿普唑仑（赞安诺）、氯氮卓（利眠宁）、氯硝西泮（克诺平）、地西泮（安定）以及劳拉西泮（安定文）。有些青少年反映，苯二氮平类药物让他们感觉昏昏沉沉的或让他们学习时难以集中精力。其他的副作用包括疲劳、意识模糊或失去身体协调性。通常，医生会给你开苯二氮平类药物帮助你度过焦虑或惊恐的艰难时期，但是也会建议你服用这些药物不要超过几个月。这是因为有些青少年（考虑到医生真正给开苯二氮平类药物的青少年数量并不多）会对这些药物产生依赖，需要不断增加剂量才能获得以前的疗效。出于这些以及其他的原因，苯二氮平类药物往往不是医生给青少年开药时的第一选择，除非他们有频繁、强烈的惊恐发作。如果你的医生确实推荐了苯二氮平类药物，你需要确保和你的医生一起密切配合监控这类药物对你的影响。

丁螺环酮类药物

根据你对于药物的反应，你的医生可能会建议另一类叫作丁螺环酮的药物。比起SSRIs，这类药更接近苯二氮平类药，它会缓解成年人的焦虑和抑郁。尽管没有很多信息可以说明它对于青少年也有效，不过很多医生认为这类药是能够帮助青少年的，很可能值得一试，因为大多数使用过它的青少年都没有反馈有什么副作用。这种药开始起效需要几周的时间。如果你的焦虑程度很高，它就不是那么有用了，通常单独使用这一种药是不够的。如果是这种情况，医生可能会认为对你来说选择SSRIs更好。此外，医生常常会在开SSRIs时也同时开丁螺环酮类药物，因为它有时能增强SSRIs的疗效。这意味着相同的疗效只需更低剂量的SSRIs，而这也就意味着更少和更弱的副作用。

TCAs

有时医生会推荐一类更老的抗焦虑药物——三环类抗抑

郁药（TCAs）来治疗焦虑障碍。这些药物，和SNRIs一样，作用的是大脑中的血清素和去甲肾上腺素的浓度和活性。但是这类药往往比新药更易使青少年出现副作用。因此，TCAs可能不是医生帮助你缓解焦虑的首选。通常给青少年开的TCAs包括阿米替林（依拉维）、氯米帕明（安那芬尼）、去甲丙咪嗪（地西帕明）、丙咪嗪（米帕明）和去甲阿密替林（去甲替林）。因为对一些青少年来说，这些药物有时会影响他们心脏的心电系统或增加癫痫的风险，医生需要监控这些药物在血液中的浓度，以确保给你的是合适的剂量。此外，医生也许会在给你开这类药物前，让你做一个EKG或ECG（心电图，通过一个简单的检查看看你的心脏状况），之后在你服药期间可能会定期做这个检查。尽管绝大多数青少年并不会出现这些更严重的问题，不过你可能会出现一些让人不舒服的副作用，如嘴发干、便秘、头晕、困倦和视线模糊。

如何度过药物适应期？

很难知道你在开始服药时到底会发生什么，因为不同的人对同一种药的反应是不一样的。像年龄、性别、体重和身体的化学物质等这些都会造成很大的影响。不过，要记得最重要的是在你开始感觉好转前是需要一段时间的。对于SSRIs，如果对你有作用，可能也要4到6周你才能感觉到这个药的全部效果。因此，重要的是要有耐心，全力试试看。而且，你的医生开始时会慢慢来，逐渐增加剂量，这样就不会对你有太多的副作用。另外，不要预期你尝试的第一个药就会适合你。有时确实如此，不过很可能是你需要再去尝试其他药来找到适合你的药。还有，找到合适的剂量也需要时间。如果一种SSRIs对你有效，医生很可能让你坚持服用9到12个月，甚至更长时间。这也给了你充足的时间在本书介绍的方法和你的心理治疗师的帮助下，去努力学习应对你的焦虑。

我在开始吃药不久，发现自己比以往更神经过敏，更容易觉得紧张。我也出现了轻微的头疼，好像一直都在疼。这有点儿奇怪，一开始我决定要一个人来面对这些问题。但之后我和妈妈说了这些，我们告诉了我的医生。结果，紧张和头疼是我正在吃的这种药的正常副作用，这些症状会在几个星期后消失。我很高兴自己说出来了，因为知道它们是正常的副作用就更好处理了。

——敏，16岁

所有的药物除了期望的疗效外还会有一些不需要的副作用。例如，即使像阿司匹林这样温和的药物也会让一些青少年长皮疹。有些青少年根本感觉不到任何抗抑郁或抗焦虑药物的副作用。人和人真的很不一样。如果你开始服药了，在见医生时让医生知道你的感受，尽可能诚实地回答医生的问题。要记得，你是最了解自己身体的人，如果医生不知道你的感受，他就无法帮助你。

所有的抗抑郁药物（不管是SSRIs、SNRIs，还是TCAs），都会引发那些容易出问题或有双相障碍风险的青少年出现躁狂。躁狂是一种有点儿像是抑郁的另一极的问题，是一种伴随着精力上升的欣快或易怒的情绪状态，对睡眠的需要减少，有一种自己是无敌的感觉。这些似乎是好的特征，但是如果过度，会引发一些实际问题。有双相障碍家族史会增加躁狂发生的可能性，但即使没有家族史也会发生药物诱导的躁狂。

如何判断是否需要药物治疗？

决定是否尝试药物对很多人来说是个艰难的决定。想想吃药的好处和坏处，把它们写下来帮助你作出决定。这不会花太多的时间，但真的可以帮助你做选择。如果你的父母已经和你谈过药物治疗的问题，那么你可以和他们一起做这件事。他们很可能已经咨询过医生或其他服药青少年的父母了。关于利和弊他们可能有些你没想到的主意。来看看敏的关于服药的利与弊列表，然后试着写写你自己的。

敏的关于服药的利与弊列表	
吃药的好处	吃药的坏处
• 我妈妈和我说斯蒂芬妮为了治疗焦虑，试了一种新药，效果很好。所以可能也会帮到我。 • 我很努力地去进行治疗，不过有时直面恐惧还是太让我害怕了。也许，像我的治疗师说的那样，用一点儿药物可能会让我觉得治疗更容易些，我甚至可能会更成功一些。 • 有时，我感觉好像焦虑要把我折磨得屈服了。也许药物能帮助我觉得不那么差劲。	• 如果我的朋友们发现我在吃药，他们可能会以为我是精神病。 • 如果我尝试药物治疗，那我就不得不承认我真的有焦虑这个问题。 • 吃药可能会在我身上出现副作用。 • 吃药是件麻烦事，我的父母又多了一件要提醒我做的事。况且可能还没什么用。

可以按照下面的步骤来写你自己的利与弊列表：

1. 在纸的中间用一个 T 形表形成两列。

2. 在左边的一列上面写"吃药的好处"，在这一列里列出所有你能想到的吃药的好处。在右边的一列上面写"吃药的坏处"，在这一列里列出所有你能想到的吃药的缺点或消极之处。

3.最后，读读这两列，看是否能作出决定。在列表的下面，写下你的选择。如果你仍然拿不定主意，考虑一下和你的父母、心理治疗师或能给你支持的人一起来看看这个列表。

和父母谈谈药物治疗

如果你认为自己想要试试药物治疗，第一步就是和你的父母聊聊这个问题。因为焦虑是你自己切身感受到的，你的父母很可能不知道你有多焦虑，而你要让他们知道。有时对于药物治疗，父母可能还没有孩子准备充分，这没关系。如果你对提起这个话题有点儿担心，不妨和你的心理治疗师好好谈谈，如果有其他人，也可以和支持你的人，比如学校咨询师或你的医生谈。如果和你的父母谈还让你觉得紧张，问问那个支持你的人是不是愿意和你一起与你的父母讨论一下药物治疗对你的利与弊。这个人也许可以帮助你和你的父母重复讨论这个问题，然后形成一个对你最有利的决定。你可以使用利与弊列表来推动这个谈话。

配合父母和医生

如果你决定尝试药物治疗，下一步就是组建团队。当然，这里面有你和你的父母，另一个重要的团队成员是给你开药的医生。开处方的可以是医生，也可以是其他医务人员。有时候你的医生觉得由他给你开抗焦虑或抗抑郁的药不合适，他会把你转介绍给一个精神科医生。这很常见，并不意味着你出现了严重的问题。精神科医生和内科医生一样都是医务人员，只不过他们的专业是诊断和治疗精神疾病。他们在抗抑郁和抗焦虑药物治疗方面有最全面的知识和培训，其中很多人接受过专门治疗青少年的培训。

通常，你会和医生见面，首先进行一个评估，如果医生（你和你的父母）认为药物治疗可能会有帮助，医生会和你以及你的父母讨论你要开始使用的这种药物的潜在风险与副作用。此外，医生会询问你是否有过敏问题（有些药物过敏和抗焦虑或抗抑郁药物会有交互影响），也会询问你是否在服用其他药物（处方药、非处方药或草药），因为有时一种药会和另一种有相互作用。此外，假如你想要求单独会见医生，很多青少年会这么做，而很多医生也会鼓励青少年这么做。

如果医生开了一种药，医生很可能会让你从低剂量开始，然后让你几个星期之后再来见他，他可以记录和听到你的近况。因为你比其他任何人都更了解自己的身体，医生会在定期检查时询问你的感受，如果你感觉有好转或更差了都要马上告诉医生和父母。要记得，大多数轻微的副作用通常会在几天内消失，所以要坚持服药。

不要匆忙做决定

选择吃药是一个艰难的决定，这是一个你想基于事实和相关信息自己来做的决定。在读完这章后，你可能准备尝试药物治疗了，也可能要再想想，这都没关系。重要的是不要匆忙作出这样重大的决定。如果你还是难以决定要不要吃药，可以尝试多读几遍这章的内容，或者和你的父母、心理治疗师，甚至是一些信任的朋友，聊一聊你的担忧，这真的是很有帮助的。

第10章
拥有积极主动的生活态度

目前为止，你已经学到了一些可以帮助你让焦虑的内心和身体平静下来的方法。也许已经有几天或几星期，你的内心不再那么焦虑，你的身体更加平静了。祝贺你！这很了不起，这需要时间和练习。在最后这章，我们会帮你回顾一下你学过的知识和方法，这样你就可以计划下面的一步了。我们希望你以后不再那么焦虑和害怕了，而且可以一直保持下去。

不过正如你知道的那样，生活总会面临压力。当有压力的时候，你的焦虑可能会再次发作。这很正常，你可以用学过的方法来管理你的焦虑。不过，我们认为与让内心和身体平静的方法同样重要的是，你要有一个积极主动的态度，它会帮助你管理未来几周和几个月的焦虑，这种态度是由希望、勇气和预防组成的。在我们说完这些后，我们会帮助你去构建你自己的健康计划，包括你已经学过的方法，还有对于你的焦虑和恐惧的一些新的态度，来防止你的焦虑心理再次发作。

生活充满希望

希望是你对事情会得到解决抱有的信心，而最能建立信心的就是成功了。现在花几分钟，回顾一下你学过的，看看哪些方法最有用。你给自己制订了哪些目标？你完成了哪些？也许在过去的几个星期和几个月里，你已经使用了一些方法来克服某种恐惧或缓解了焦虑。也许这些方法帮助你降低了惊恐发作的次数，你的担心减轻了。也许你能更好地管理学习和朋友的压力，对于事情会有好结果你也感觉更有希望了。

是的，常言说，一顺百顺。如果你对自己取得的成就不太确定，问问父母或朋友，看看他们是否注意到了你的变化。可以问问他们："你觉得我是不是没那么焦虑或担忧了？你看到我试着接近那些我以前躲避的东西了吗？我看起来是不是比以前稍微自信些了？"为你取得的成就奖励自己吧，奖励可以就是简单地给自己一点儿表扬："你知道吗？我很努力，这不容易，我对我取得的成就感到高兴。"此外，你也可以安排一个有意思的活动，让你的家人或朋友来一起庆祝一下。

不过，尽管你很努力，你可能还是会在某些时刻或大多数时候感觉非常焦虑。有时青少年可能会使用本书里的所有方法，努力地练习，仍然无法管理他们的焦虑情绪。如果你是这种情况，可能就需要获得一些其他的帮助。你可以在使用本书中的方法时让家长来帮助你，或去见心理治疗师学几个新方法。你可以和医生或其他可以给你提供帮助的专业人士聊聊。（如果你考虑要寻求其他帮助，我们建议你重读第2章，里面详细讨论的是向谁求助和如何求助。）

生活需要勇气

这里的勇气是指你要尽你所能充实地生活。就像你知道的那样，焦虑好像会夺走你的内心，还有乐趣，会占据你生活的大部分。也许你已经因为太焦虑而对一些听起来很有意思的新事物也没兴趣尝试了。也许你想要交更多的朋友，但要做那些可以遇到新朋友、发展新友谊的事又会让你感到焦虑。也许你想去参加某个聚会，但是你的焦虑会让你退缩。如果你觉得生活中充满了焦虑和担忧，你很难想象事实上并没有这么多焦虑，那么试着去可视化它。使用第3章中可视化想象法去看一看你想要的生活是什么样的。去想象如果你不那么焦虑或恐惧会有怎样的感受。你能睡得更好吗？你能不那么担心自己的饮食和外形吗？想象所有你想尝试的事，或者是你想要在生活中哪些方面有不同表现，比如学习、运动、朋友、家庭等。如果你的焦虑心理对你的生活影响小了，对你来说会发生什么变化或有哪些不同吗？你有过下面这些想法吗？

- 试着加入一个体育或娱乐的社团？
- 试着认识新朋友？
- 试着去参加聚会？
- 试着申请暑期实习？
- 试着去国外旅游？

从现在开始，花一点儿时间来可视化你真正想要的能让你实现这些想法的机会吧。

我看见自己坐在课堂上，举起手，然后分享我知道的事情。我不怎么担心老师或其他同学怎么想。当我看见同学时我会冲他们微笑，花更多时间出去玩。我会有很多好朋友。我不是学校里最受欢迎的孩子，但是我会有亲密的朋友，我会感觉挺不错的！

——博比，15 岁

怎样预防焦虑的复发？

正如我们之前所说，缓解焦虑心理并不容易，但是使用本书里的方法是有帮助的。不过，无论你使用应对焦虑的方法多么有效，它还是会反复的。这意味着你有必要保持警惕，你可以对这种反复有所准备，来提前提醒自己。这就是你的健康计划应该起作用的地方。健康计划是一种你可以长远地控制自己的焦虑心理，从而能守住你的胜利果实的途径。你的健康计划包括五件事：

- 知道偶发和复发的区别。
- 知道是什么让你有压力以及如何制订应对计划。
- 知道最能让你的焦虑心理和身体平静下来的方法。
- 知道如何自我检查。
- 知道向谁寻求支持和请求帮助。

知道偶发和复发的区别。不管这本书有没有或多或少地帮助你缓解焦虑，你的内心还是会在某些时刻跳跃到焦虑的轨道上去，你会再次感到紧张或害怕。其实很多时候，你感觉到的焦虑是正常的。例如，大多数青年人在参加比赛、参加高考时都会感觉有点儿焦虑。这类焦虑是有益的，有助你提升表现，如同参加重大比赛时，这种焦虑在你能很好地完成这件事之后往往就会慢慢减少。不过，有时候焦虑持续的时间超过了明确的压力来源的持续时间，持续了几天、几周，甚至几个月。如果这种情况发生，可能意味着你的焦虑正在反复。焦虑的反复发生有两种方式：偶发和复发。

偶发是持续不会超过几天或一周的小反复。通常，偶发对你的生活影响不大。你可能会觉得在学习上集中注意力有点儿困难，你有点儿烦躁、神经质或紧张，或许你需要更长的时间才能睡着。但是你还是能去上学，能和朋友正常交往，仍然能进行大多数的活动。一次偶发可能缘于一个小的压力源触发了你的焦虑，但是在压力源结束后焦虑还在，从一个担忧转到另一个担忧，这时你就发现自己整天都忧心忡忡。大多数青少年（成人也一样）如果不是定期地使用让内心和身体平静的方法会很容易出现偶发的情况。不过，好消息是如果马上使用这些方法，你就能快速地让这种偶发现象好转，缓解你的焦虑。大多数青少年不需要别人的额外帮助就能处理好偶发的焦虑。不过，有时候一次偶发会持续几天之久，甚至几周或几个月，这时偶发已经变成一次复发的信号了。

复发是一次严重的反复，因为它会持续几周，通常会对你的生活造成中度至重度的影响。如果这种情况发生，你可能会发现你因为感到更焦虑而开始缺课或完不成作业；很多个晚上你都睡不着，或者你在半夜醒来就很难再睡着；你可能因为感到焦虑而不再和朋友出去玩或参加家庭活动了；你可能发现那些你以前可以轻而易举做的事，变得越来越难做到了。不同于偶发，一次复发可能需要别人（如心理治疗师或咨询师）的帮助。有时，当你经历一个重大的生活压力，如父母离婚，家庭成员去世，大学毕业，你自己或者你关心的人患了严重的疾病，你的焦虑心理就会复发。

知道是什么让你有压力以及如何制订应对计划。 你可能发现是压力激起了你的焦虑。这适用于所有人，由于我们无法避免压力，我们最多只能有所准备。知道哪些压力的情形会激起你的焦虑有助于你进行准备，这对每个人都适用。当你开始一个新学年、新工作或一段新关系时，你会为它做准备。比如，在开学的前一周，你可能会去买一些学习用品和新衣服；或者你可能会在假期兼职时告诉你的老板你在工作日的早晨不能再去上班了。为压力事件（甚至是兴奋的事情）做好准备是我们防止焦虑复发的一种方法。

为压力事件做准备的第一步是知道什么样的事件会让你感到焦虑。想一想你曾经感到焦虑的情况，还有那些带给你压力的情况。如果你曾经（也许现在还这样）在人多的地方变得非常焦虑，你可能会把校学生会列为一个你的焦虑可能会反复的情境。此外，考虑一下在接下来几周或几个月可能会发生的任何变化或大的转变，比如新学年开学或去上大学，因为这些情况往往会激起大多数青少年的焦虑心理。像期末考试、高考这样的考试，或篮球季后赛的竞争也会引发焦虑。现在花点时间想一想在接下来的一年里你可能会经历的压力情形，然后列入本章后文中"我的健康计划"里"可能会引发偶发或复发的情况"对应一栏中。

知道最能让你的焦虑心理和身体平静下来的方法。知道哪些情形会增加你的焦虑感有助于你有所准备，想一想你学过的最有助于你缓解焦虑心理的方法。你可能在学习第1章之后，知道感觉到焦虑不是软弱的表现而只是一种歪曲的保护性反应，你或许就有些释然了。也许你希望自己能记住和惊恐发作共处要比对抗它好，或者是如果能直面一次恐惧你就可以再次面对它。现在，我们建议你把这些写在"我的健康计划"里"需要牢记的事情"对应一栏中。记住，你要在焦虑有所缓解、头脑清楚的时候做这件事，这样当有事情引起你的焦虑情绪时，你会更容易相信自己当时写的这些是明智的做法。

接下来，列出能缓解你的焦虑情绪最有效的方法。如果你已经感觉好几周或好几个月都挺平静的，你可能甚至都不再想这些方法了，或是没想过哪些方法最有助于你缓解焦虑。现在，再来看看焦虑的循环，我们在这里列出了有助于缓解你的焦虑心理、焦虑身体和焦虑行为的方法。

把这些方法列入你的健康计划里，有助于你在需要的时候可以快速地知道哪些方法可以缓解你的焦虑。在后文中"我的健康计划"里看看"我喜欢的方法"，把这本书里所有能帮助你缓解焦虑的方法标出来。如果有些方法你不喜欢或其中一些方法对你不是很有用也没关系，你只要标出那些你喜欢的方法就可以。如果你不记得某个方法了或不记得它是怎么缓解你的焦虑的，请翻看前文复习一下吧，重读一下如何使用这个方法。

焦虑的循环及其缓解方法

缓解方法
- 聪明想法列表
- A-B-C-D-E 记录表
- ICAAN 法
- DEAL 法
- 谈判法

焦虑的心理

焦虑的行为

焦虑的身体

缓解方法
- 回放重播
- 保持漂浮的自言自语
- 创建恐惧阶梯
- 制订直面恐惧计划

缓解方法
- 腹式呼吸法
- 渐进式肌肉放松法
- 可视化想象法
- 选择健康的饮食
- 进行有规律的运动
- 获得充足的睡眠

知道如何自我检查。就像你学习其他知识一样，要定期进行练习才可以让你保持好的状态，管理你的焦虑心理也是这样。如果你的焦虑心理缓解了一些，你也开始每次一小步地直面自己的恐惧了，你会想要掌握一些窍门来维持这个过程，让你的焦虑减少、可控。在这里，尽管我们推荐的方法需要你做一些工作和努力，但是你将从日复一日或每星期的练习中获益，把这个看作是一种自我检查的方式吧。浏览以下几种方法，然后在心里记住那些你觉得你可以实施的方法，在接下来的几周和几个月里尝试一下。

- 在接下来的 6 个月里，每周留出 10 到 20 分钟做下面的这些事，然后再在接下来的 6 个月中改为每个月做一次：
  - 回顾你的健康计划；
  - 设想未来一周你可能面临的潜在压力，如果需要，选一个或几个减压方法试试；
  - 计划安排好未来一周的饮食、运动和睡眠目标；
  - 如果惊恐仍然是你焦虑的一部分，回顾你的惊恐计划；如果你没再出现惊恐发作，考虑定期回顾你的计划，比如一个月一次或两次，来提醒自己其中的一些要点。
- 每周当你遇到日常的压力时或在这之前，练习深呼吸、肌肉放松或可视化想象的方法。常见的压力源包括考试、迟到、要完成大量的作业、和朋友或家人吵架、成绩不好等。
- 至少每周一次关注在你焦虑内心里播放的焦虑乐曲，使用 A-B-C-D-E 记录表来重新对它们进行混音。如果你听不到自己内心的焦虑乐曲了，看看其他人的例子吧，这样能确保你坚持做下去！
- 留意回避恐惧的冲动或计划，去直面它们吧！可以考虑在你的书包或钱包里带上索引卡片或记日记。每次当你发现你有想回避的冲动或计划时，记下"我想要回避的事情是……"，然后，记下"但是相反我要做的是……"。

你选择上面哪些方法了？你下决心尝试了吗？你选的方法越多，你尝试的决心就越大，你的焦虑会保持在一个小而可控的程度上的可能性也越大。尽管似乎要做的事不少，但当你发现你开始把使用这些你喜欢的方法变成一种日常习惯时，它们更像是你日常生活的一部分，就像刷牙或写作业一样。另外，要灵活使用。如果你放假了，你可能会想暂时不用这些方法了。如果假期里不会有激发你的焦虑心理的事发生，这个决定也没什么问题。如果你有一周很忙，忘了自我检查，换一天重新安排一下。或者如果连续几个星期你都忘了重新对焦虑的乐曲混音，那就补上，可以在一个星期里重新检查一下。在我们工作中接触过的几百个青少年里，那些有更实际和灵活计划的青少年，往往也是最能成功地把他们的焦虑维持在小而可控的程度，防止偶发或复发的人。现在花点时间把你计划用的方法写在本章后文中"我的健康计划"里"让焦虑减少而可控的窍门"对应一栏中。

知道向谁寻求支持和请求帮助。你的健康计划包含的最后一件事是，写下可以给你提供支持并能帮助你的人名单以及他们的联系方式。当有事情激发你的焦虑时，你很难想起来过去哪些人曾经帮过你，怎么找到他们。可以帮你缓解焦虑的人以及在你焦虑时对你有帮助的事可以让你的焦虑发作减轻一些。花一点时间想一想谁曾经帮助你缓解了焦虑。这个名单上可能会有你的父母、心理治疗师、学校咨询师，或你最亲密的朋友。

再过几个月我就要上大学了。我想我可以通过使用放松法和问题解决法，通过直面我的恐惧来管理自己的焦虑。但是我知道做起来挺难的，我可能会更焦虑，因为我有很多课，还要打篮球，我可能还会加入学生社团。所以我计划在上大学的前几个月里，每周日晚上都用我喜欢的方法花 20 分钟来自我检查一下。

——克莱，17 岁

制订个人健康计划

现在是时候把这本书里的所有内容整合成一个最终的健康计划了。你可能会和父母、你的咨询师或心理治疗师来讨论你的健康计划。假如你开始为将来感觉焦虑或担忧，那么让愿意帮助你的人知道怎样做才真正对你有帮助。你的健康计划会帮他们把一切都安排好。你可能会把这个健康计划放在抽屉里或夹到哪本书里，不过我们鼓励你把这个健康计划放在一个你需要时就可以找到的地方。你可能甚至要考虑把这个计划告诉那些能给你提供支持的人，这样如果你需要帮助，他们就能找到它。

我的健康计划

我的成就	
我想要尝试的新状态、机会和活动	
可能会引发偶发或复发的情况	
需要牢记的事情	
让焦虑减少而可控的窍门	
可以支持我并帮助我的人	

我喜欢的方法

把你觉得最有帮助的方法画出来。

缓解焦虑心理的方法

列出支持和反对的证据　　"责任披萨饼"法

"时间机器"法　　　　　　"自信提升器"法

缓解焦虑身体的方法

腹式呼吸法　　　　　　　选择健康的饮食

渐进式肌肉放松法　　　　进行有规律的运动

可视化想象法　　　　　　获得充足的睡眠

直面恐惧的方法

回放重播　　　　　　　　保持漂浮的自言自语

分散注意力　　　　　　　创建恐惧阶梯

减压的方法

识别感受法　　　　　　　ICAAN 法

谈判法　　　　　　　　　DEAL 法

告别焦虑，拥抱快乐生活

你是否曾经有过什么想法或计划做某件事，但听到别人跟你说那行不通或你做不了就放弃了？你的焦虑心理就像是这个人。它在你耳边小声说，预言你会失败或吓得你根本不敢去尝试。如果你能从本书里学到些什么的话，我们希望你可以学会不要老去听你的焦虑心理在说什么。尽管你的焦虑心理可能会继续占据你生活的一些空间，但是你可以少给它点儿空间。这本书里的方法，还有你可能会尝试的其他资源，都会对你有帮助。要记住，我们都会给自己的焦虑心理一些空间。医生、工程师、专业运动员和每个行业的成年人都会焦虑，但还是过着圆满而成功的生活。焦虑心理并不意味着你不会成功，焦虑心理并不意味着你不能快乐。即使在焦虑时不时烦扰你时，你还是可以拥有这些甚至更多。祝你好运！

附加资源

博比的直面恐惧计划

今天的日期：6月2日
我今天要面对的恐惧：在数学课上举手发言。
我的焦虑乐曲：大家都会嘲笑我或觉得我是一个爱炫耀的人。

聪明想法列表

让内心平静的方法	对焦虑的乐曲重新混音
"自信提升器"法	即使有同学嘲笑我或认为我是一个爱炫耀的人，我也能应付，因为我知道自己不是那样的。 　　我的朋友知道我不是一个爱炫耀的人，觉得我是一个不错的人。 　　我想让其他同学喜欢我，但是如果他们不喜欢，我也能应付。 　　我想要的只是多几个朋友，并不期待班上所有同学都是我的朋友。

　　对焦虑的乐曲重新混音：我在班上举手发言并不意味着其他同学认为我在炫耀。如果我发言，没说对，老师不会嘲笑我，因为他知道我腼腆，我在努力克服。我不认为其他同学会嘲笑我，但是如果他们确实那么做了，我的老师会很快让他们安静下来，跟他们说别再闹了。

恐惧阶梯

情境与步骤	恐惧评分（0—10）
在课堂上举手，向老师表达我的观点。	9
在课堂上举手，回答问题。	8
在课堂上举手，问问题。	6
当我有相同问题时，举手表示同意其他同学的问题。	5
和班上其他同学一起回答问题。	4
冲着老师点头表示我同意其他同学的答案。	3
把我的问题写在笔记本上，在课后问老师。	2

博比的恐惧温度计

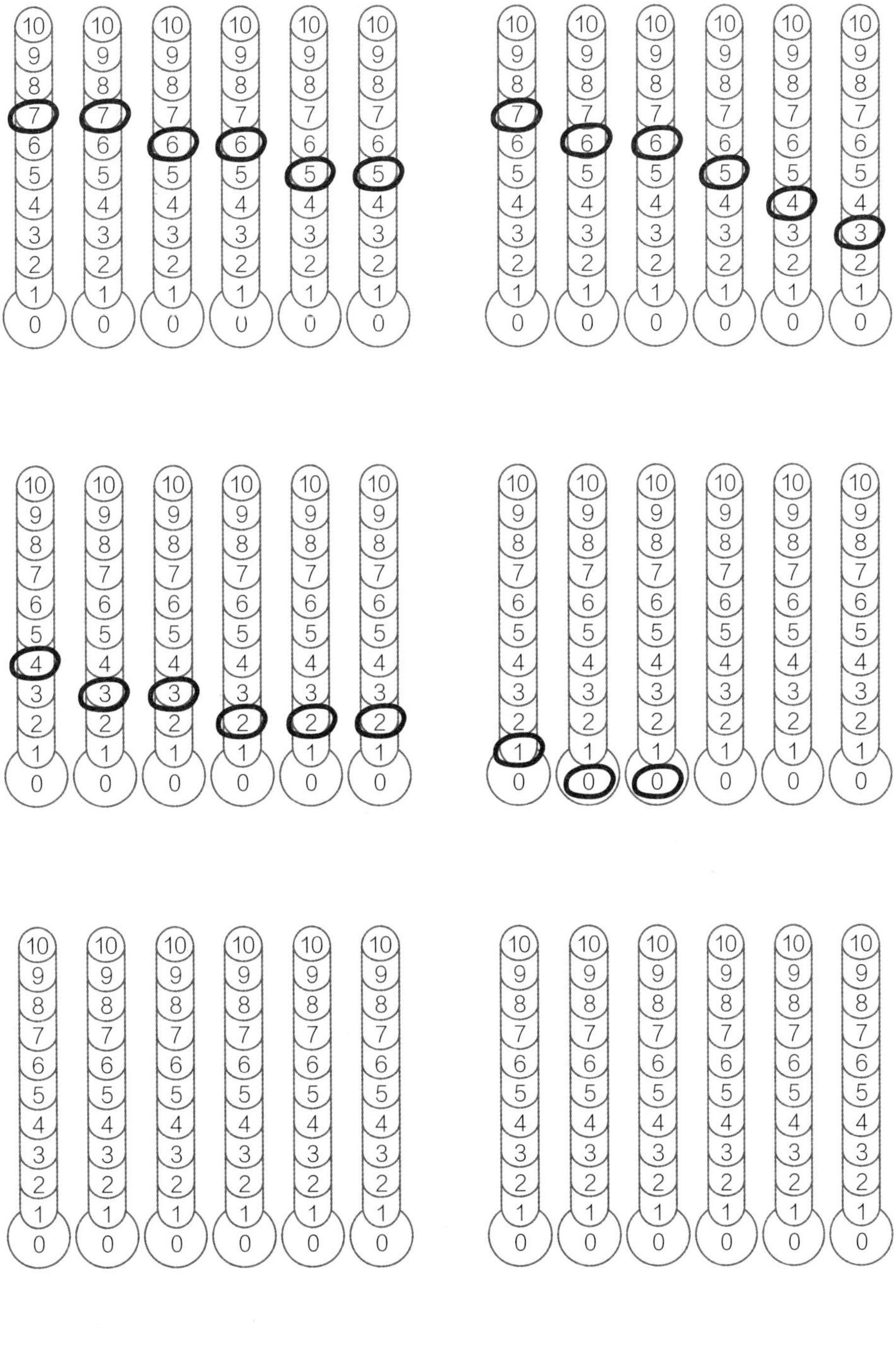

敏的直面恐惧计划

今天的日期：10 月 12 日

我今天要面对的恐惧：用手摸厨房的灶台，然后没洗手又去摸脸。

我的焦虑乐曲：我脸上的细菌会让我生病，我会病得很重。

聪明想法列表

让内心平静的方法	对焦虑的乐曲重新混音
"自信提升器"法	我能应付觉得脏和害怕的这种感觉。 我相信我的焦虑会降低，就像之前那样。因此我会和自己的恐惧待在一起直到它消失为止，我知道它会消失的，因为之前也是这样。 我可以应付的。

　　对焦虑的乐曲重新混音：摸一个脏的厨房灶台并不危险。我会生病或染上什么疾病的概率为零。这只不过是我的强迫式自言自语罢了。

恐惧阶梯

情境与步骤	恐惧评分 （0—10）
摸厨房灶台，用手摸脸，然后 60 分钟内不洗脸和手。	10
摸厨房灶台，然后 60 分钟内不洗手。	9
摸厨房灶台，用手摸脸，然后 45 分钟内不洗脸和手。	8
摸厨房灶台，然后 45 分钟内不洗手。	6
摸厨房灶台，用手摸脸，然后 30 分钟内不洗脸和手。	5
摸厨房灶台，然后 30 分钟内不洗手。	4
摸厨房灶台，用手摸脸，然后 15 分钟内不洗脸和手。	3
摸厨房灶台，然后 15 分钟内不洗手。	2

敏的恐惧温度计

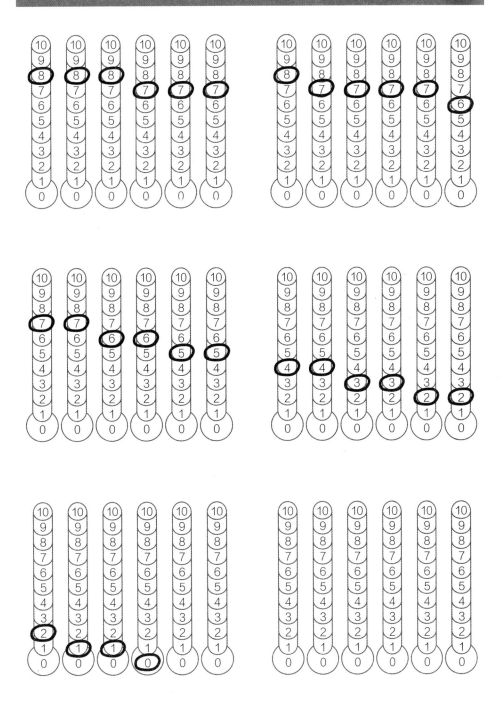

致 谢

在这本书的写作过程中得到了很多人的支持。我们要特别感谢几位经验丰富的临床学家，他们在百忙之中审阅了这本书的一些章节，并给出了很有见地的建议。我们感谢：Brad Berman（布拉德·伯曼），Glen Elliott（格伦·艾略特），Jerry Hester（杰瑞·海斯特），Mary Jones（玛丽·琼斯），以及 Anya Ho（安雅·霍）。我们感谢我们在旧金山湾区认知治疗中心的同事，Joan Davidson（琼·戴维森），Janie Hong（詹妮·洪），Jackie Persons（杰基·帕森斯），以及 Dan Weiner（丹·韦纳），他们是我们安宁的、支持性的港湾，是我们专业上的家。

我们要感谢 Magination 出版社的编辑 Becky Shaw（贝基·肖）承担了这本书的工作并在开始时鼓励我们做下去。我们还要特别致谢 Magination 出版社的总编辑 Kristine Enderle（克里斯汀·恩德勒），她的耐心、支持和高见在很多层面上让这本书得到了提升。此外，我们感谢 Magination 出版社顾问委员会和美国心理学会的专家，对这本书的初稿进行了审阅。他们富有见地的指导和建议提升了这本书的精准度和整体内容。

我们感谢我们的家人，Luann（卢安娜），Madeline（玛德琳），Olivia（奥莉薇娅），Adam（亚当）和 Jack（杰克），很多个周末我们没有留在家里，而他们包容了我们。真的，要是没有你们，我们不可能完成这些工作。

不过我们尤其要感谢的是很多这么多年来向我们寻求帮助的那些焦虑的青少年和他们的家长。我们完成这本书所需要的大量勇气和毅力，是从你们那里学来的。谢谢你们。